Pierre Nataf

Electrodynamique Quantique de Circuit en Régime de Couplage Ultrafort

I0131446

Pierre Nataf

Electrodynamique Quantique de Circuit en Régime de Couplage Ultrafort

Des Circuits Quantiques aux Phases Superradiantes

Presses Académiques Francophones

Mentions légales / Imprint (applicable pour l'Allemagne seulement / only for Germany)
Information bibliographique publiée par la Deutsche Nationalbibliothek: La Deutsche Nationalbibliothek inscrit cette publication à la Deutsche Nationalbibliografie; des données bibliographiques détaillées sont disponibles sur internet à l'adresse http://dnb.d-nb.de.
Toutes marques et noms de produits mentionnés dans ce livre demeurent sous la protection des marques, des marques déposées et des brevets, et sont des marques ou des marques déposées de leurs détenteurs respectifs. L'utilisation des marques, noms de produits, noms communs, noms commerciaux, descriptions de produits, etc, même sans qu'ils soient mentionnés de façon particulière dans ce livre ne signifie en aucune façon que ces noms peuvent être utilisés sans restriction à l'égard de la législation pour la protection des marques et des marques déposées et pourraient donc être utilisés par quiconque.

Photo de la couverture: www.ingimage.com

Editeur: Presses Académiques Francophones est une marque déposée de
Südwestdeutscher Verlag für Hochschulschriften GmbH & Co. KG
Heinrich-Böcking-Str. 6-8, 66121 Sarrebruck, Allemagne
Téléphone +49 681 37 20 271-1, Fax +49 681 37 20 271-0
Email: info@presses-academiques.com

Produit en Allemagne:
Schaltungsdienst Lange o.H.G., Berlin
Books on Demand GmbH, Norderstedt
Reha GmbH, Saarbrücken
Amazon Distribution GmbH, Leipzig
ISBN: 978-3-8381-8804-1

Imprint (only for USA, GB)
Bibliographic information published by the Deutsche Nationalbibliothek: The Deutsche Nationalbibliothek lists this publication in the Deutsche Nationalbibliografie; detailed bibliographic data are available in the Internet at http://dnb.d-nb.de.
Any brand names and product names mentioned in this book are subject to trademark, brand or patent protection and are trademarks or registered trademarks of their respective holders. The use of brand names, product names, common names, trade names, product descriptions etc. even without a particular marking in this works is in no way to be construed to mean that such names may be regarded as unrestricted in respect of trademark and brand protection legislation and could thus be used by anyone.

Cover image: www.ingimage.com

Publisher: Presses Académiques Francophones is an imprint of the publishing house
Südwestdeutscher Verlag für Hochschulschriften GmbH & Co. KG
Heinrich-Böcking-Str. 6-8, 66121 Saarbrücken, Germany
Phone +49 681 37 20 271-1, Fax +49 681 37 20 271-0
Email: info@presses-academiques.com

Printed in the U.S.A.
Printed in the U.K. by (see last page)
ISBN: 978-3-8381-8804-1

Remerciements

Je souhaite remercier dans ces quelques lignes toutes les personnes qui m'ont permis de réaliser ma thèse dans de très bonnes conditions.

Commençons par Cristiano Ciuti, mon Directeur de thèse, que je veux remercier pour la grande liberté qu'il m'a laissée pour la conduite de nos travaux. Jamais avare de son optimisme et de son enthousiasme, son encadrement a été pour moi à la fois efficace et très agréable.

Je sais gré aux membres du Jury d'avoir accepté de faire partie de mon jury . Ainsi, je voudrais d'abord remercier Olivier Buisson, Enrique Solano et Jonathan Keeling , qui se sont montrés disponibles, et m'ont donné leur accord très rapidement en dépit d'un agenda très chargé. Je veux aussi remercier Michel Devoret, dont certaines des idées se sont montrées très fructueuses pour nos travaux, Benoît Douçot, dont l'expertise et les conseils m'ont été très profitables. Je souhaite aussi rendre hommage au Président (du jury) Jean-Pierre Gazeau, pour sa grande disponibilité, son humour, et sa pédagogie.

Je veux continuer ces remerciements en saluant mes collègues du groupe : David, Motoaki, Simon, Simone, Alexandre (×2), Juan, Luc, Loïc, Sebastien, Nicolas, Pauline, Philippe, Ludivine dont l'écoute et la bienveillance m'ont été très bénéfiques.

Merci à tous les physiciens du laboratoire MPQ pour leurs conseils, et leurs coups de pouce fréquents, notamment à Edouard, Giuliano, Yann, Eric, Yanko, Maximilien et Thomas, ainsi qu' à Anne pour son professionnalisme et sa patience.

Je veux aussi témoigner de ma reconnaissance envers ceux qui ont enchanté chacun de mes voyages en RER : François-René de Chateaubriand, Hermann Broch, Anatole France, Georges Bernanos, François Mauriac, Milan Kundera, Michel Houellebecq, Philippe Muray, Gustave Flaubert, Maurice Barrès, Philip Roth, Raymond Queneau, parmi beaucoup d'autres...

Sans eux, la ligne B du RER eût été légèrement monotone...

Je veux aussi remercier tous mes amis : Mehran, Yann, Brice, que je vais retrouver en Suisse, Emmanuel, Emilien, HH, Nicolas, François, Charles, Pierre, que j'aurais toujours un grand plaisir à revoir à Paris (ou ailleurs).

Enfin, j'adresse un remerciement particulier à mes parents, mes frères, mes grands-parents, mes oncles et tantes, mes cousins, ma belle-famille, pour leur présence et leur soutien , ainsi qu' à...

Delphine

qui a eu, plus que tous les autres, l'immense mérite de me supporter pendant ces années de thèse...

Table des matières

Introduction

Obergurgl, station du tyrol autrichien, dimanche 6 juin 2010, autour de midi : le Professeur J.E. Mooij finit d'exposer les résultats des expériences menées dans son laboratoire sur le couplage entre les atomes artificiels de flux et les résonateurs supraconducteurs. Un membre de l'assistance, inaugure la séance des questions en demandant s'il n'y a pas une possibilité d'augmenter encore l'amplitude du couplage lumière-matière rapportée dans ces expériences . J.E. Mooij répond qu'il serait sûrement en capacité de l'augmenter encore un peu à condition qu'on lui en explique l'intérêt. C'est que la physique des atomes artificiels Josephson est déjà très riche, et les effets à observer nombreux. Le chemin parcouru depuis leur naissance est d'ailleurs impressionnant. Quelques prédictions théoriques fondatrices et de nombreuses expériences fondamentales le jalonnent. Les propositions de Legett [1, 2], dans les années 1980, ont par exemple joué un rôle précurseur dans l'exploration de ces systèmes. Elles traitaient des conditions physiques à garantir pour qu'un objet macroscopique puisse être régi par les lois de la Mécanique Quantique. Car ces lois, qui constituent un des legs les plus importants de la recherche du début du vingtième siècle, ont surtout été mises en évidence par des phénomènes se produisant à l'échelle atomique. *Une manière de les interpréter* est d'utiliser une description en termes d'amplitudes de probabilités, ou de *fonctions d'ondes* pour caractériser l'état d'un système. Les quantités observables comme la position d'une particule, son énergie, son moment magnétique, sont alors représentées par des opérateurs dans un espace de Hilbert. Les valeurs mesurées peuvent différer d'une expérience à une autre, toutes conditions égales. Elles correspondent aux valeurs propres des opérateurs. Souvent, leur spectre étant discret, les valeurs mesurées sont quantifiées, ce qui explique la terminologie de Mécanique Quantique. Dans ce formalisme, un état physique, représenté par un vecteur dans l'espace de Hilbert, s'écrit comme une combinaison linéaire des états propres d'une quantité observable. La probabilité de mesurer une certaine valeur de cette observable est alors déterminée par le recouvrement de cette combinaison linéaire sur l'état propre correspondant. Ainsi, un système peut se trouver dans une *superposition d'états* jusqu'à ce qu'une mesure le force à en *choisir* un plutôt qu'un autre. Auquel cas, la fonction d'onde s'effondre (*collapse* en anglais). Pour illustrer ce que les lois de la Mécanique Quantique pourraient impliquer à notre échelle, notamment ce *principe de superposition*, il n'est peut-être pas inutile de rappeler l'expérience de pensée proposée par Schrödinger en 1935 [3]. Supposons qu'un chat soit enfermé dans une boîte hermétique avec un dispositif qui libère un poison pouvant tuer l'animal dès qu'il détecte la désintégration d'un atome d'un corps radioactif. Alors, si les probabilités indiquent qu'une désintégration a une chance sur deux d'avoir eu lieu au bout d'une minute, la mécanique quantique indique que, tant que l'observation n'est pas faite, l'atome est simultanément dans deux états : intact et désintégré. Or, l'expérience imaginée par Erwin Schrödinger lie l'état du chat (mort ou vivant) à l'état de l'atome radioactif, de sorte que le chat serait simultanément dans une superposition de deux états, à la fois mort et vivant, jusqu'à ce que l'ouverture de la boîte (la mesure) déclenche le choix entre les deux états. Ainsi, on ne peut absolument pas dire si le chat est mort ou non au bout d'une minute. Bien sûr notre expérience quotidienne, où les chats à la fois morts et vivants sont assez rares, nous dit qu'il n'est nul besoin de Mécanique Quantique pour expliquer la physique des corps macroscopiques, et que la Mécanique Classique peut la décrire tout-à-fait correctement. Mais alors, comment passe-t-on de la description Quantique qui prévaut à l'échelle microscopique à la description Classique qui gouverne la mécanique des corps macroscopiques ? Cette question continue de susciter de très nombreuses recherches en Physique. Une stratégie naturelle pour l'étudier consiste à élaborer des superpositions quantiques d'états caractérisant des systèmes de plus en plus *gros*. Mais le maintien des propriétés quantiques d'un état (*la cohérence quantique*) est de plus en plus difficile lorsque sa taille augmente [4], si bien qu'en général, plus les objets sont gros, moins ils peuvent demeurer *quantiques* longtemps. Cette tendance à perdre les propriétés quantiques rapidement s'appelle *la décohérence*.

Cependant, il existe au moins un phénomène se manifestant à l'échelle macroscopique et dont l'origine est indubitablement quantique : c'est la supraconductivité. Elle apparaît dans certains matériaux à basse température et se traduit par l'absence de résistivité dans le transport électrique. Le paramètre d'ordre d'un morceau de supraconducteur s'appelle la *phase*, il est un nombre complexe, et son origine Quantique, a été microscopiquement démontrée par la théorie BCS [5]. Brian Josephson en 1962 a prédit un effet dérivé [6] de la supraconductivité, auquel il a donné son nom et qui manifeste aussi à l'échelle macroscopique des effets quantiques. Lorsque deux morceaux de supraconducteur sont séparés par une mince couche isolante, et sont soumis à une différence de potentiel continue, un courant alternatif de paires d'électrons (appelées paires de Cooper) traversent la jonction sans dissipation. La supraconductivité comme l'effet Josephson résultent de l'addition d'un grand nombre de variables microscopiques gouvernées chacune par la Mécanique Quantique. Mais les variables macroscopiques que ces phénomènes font intervenir, comme la tension, la charge électrique, le courant ou la différence de phase le long d'une jonction Josephson, sont elles gouvernées par la Mécanique Quantique ? Sont-ce des degrés de liberté quantifiés, susceptibles de caractériser des superpositions quantiques d'objets macroscopiques distincts ? La nuance, importante, a conduit Legett à proposer des situations et des conditions permettant de rendre ces variables proprement *Quantiques*. Il a notamment insisté sur la nécessité de les tenir suffisamment *isolées* et *découplées* des autres degrés de liberté. Suivant ses prescriptpions, des expérimentateurs ont mis en évidence au milieu des années 1980, le caractère Quantique de la différence de phase le long d'une jonction Josephson [7, 8]. En plus de leur intérêt fondamental, les Circuits Quantiques que ce genre d'expériences a permis de développer, revêtent un grand intérêt pratique. Les dispositifs de mesure des variables pertinentes de ces systèmes emploient les technologies courantes de l'électronique. De plus, la modularité de leur architecture permet de créer un nombre varié de circuits aux propriétés quantiques différentes.

Au cours des années 1990, des contributions théoriques d'un tout autre genre ont grandement motivé leur essor, et guidé leur développement vers des applications aux enjeux considérables. En 1994 et 1995, Shor[9] et Grover [10] ont prouvé qu'il était possible de tirer parti de la *superposition quantique* pour exécuter des calculs informatiques avec des *bits* quantiques (ou *qubits*), et que ce genre de computation serait beaucoup plus performante que l'informatique classique dans l'exécution de certaines taches. S'en est suivi un engouement pour la recherche en *Informatique Quantique*, avec de nombreux efforts pour fabriquer le meilleur *qubit* possible. Des Circuits Quantiques, à base de Jonctions Josephson, ont alors été conçus dans cette perpective. Les *qubits supraconducteurs* sont ainsi nés à la fin des années 1990[11, 12], et se sont développés jusqu'à nos jours. En une dizaine d'années, leur durée de vie (leur *temps de cohérence*) a considérablement augmenté, et la relative facilité avec laquelle on peut les fabriquer, les associer dans des architectures *multiqubits*, les manipuler, amplifier leur signal pour lire leur état avec un appareillage issu de l'électronique traditionnelle, en font des candidats extrêmement crédibles pour la réalisation d'un ordinateur quantique. En particulier, la possibilité de manipuler leur état en les couplant à des lignes de transmission supraconductrice [13–15] a permis l'émergence dès le début des années 2000 d'une véritable *Electrodynamique Quantique de Circuit*, où les degrés de liberté des qubits Josephson interagissent avec les quanta d'excitations d'un résonateur. On retrouve alors une physique analogue à celle qui décrit, au niveau quantique, le couplage d'un atome au mode photonique d'une cavité résonante, dans les expériences d'Electrodynamique Quantique en Cavité [16]. Mais les très grandes amplitudes de couplage que l'on peut atteindre avec ces *nouveaux systèmes* laissent entrevoir la possibilité d'explorer de nouveaux régimes quantiques de couplage lumière-matière. Il n'est alors plus seulement question de reproduire les expériences d'Electrodynamique Quantique en Cavité, ou de créer des technologies performantes pour l'Information Quantique, mais il devient également envisageable d'observer des phénomènes quantiques inédits.

Ce manuscrit a donc pour objet l'étude des propriétés des systèmes de *circuit QED* en régime de couplage ultrafort. Dans ce régime, la fréquence de Rabi du vide, qui quantifie l'interaction lumière-matière et que l'on note en général Ω_0, est supérieure ou égale[17] à la fréquence de transition de l'atome artificiel, notée ω_{eg}. Après avoir introduit les bases de l'Electrodynamique Quantique de circuit, nous montrerons dans le premier chapitre qu'un tel régime est en théorie accessible à certains types d'atomes Josephson couplés à des résonateurs. Nous rapporterons d'ailleurs les résultats d'expériences récentes[18, 19], dans lesquelles le rapport Ω_0/ω_{eg} atteint 12% et nous prouverons que cette valeur peut être encore plus grande dans d'autres circuits. Pour cela, nous discuterons des caractéristiques des différents types de couplage présents en *circuit QED*, qui sont tantôt *capacitif* tantôt *inductif*, et nous évoquerons la possibilité de coupler N *qubits* au même mode du résonateur, afin d'augmenter le couplage lumière-matière d'un facteur $\sqrt{N}$. Nous introduirons alors, dans le deuxième chapitre, le modèle de Dicke[20] qui décrit l'interaction d'un ensemble de N systèmes à deux niveaux indépendants avec les mêmes modes bosoniques. Nous montrerons qu'un tel modèle, dans sa limite thermodynamique, peut donner lieu à une transition de phase quantique *superradiante* [21], avec une cohérence photonique, une polarisation spontanée des atomes et un sous-espace fondamental deux fois dégénéré dans la phase surcritique. Nous prouverons, dans le cadre d'un théorème d'impossibilité (ou *No-Go theorem*) qu'une telle transition de phase quantique ne peut être obtenue en *cavity QED*, pour des atomes réels soumis à un couplage électrique dipolaire, à cause de la présence d'un terme diamagnétique (ou terme $\mathbf{A}^2$). Nous donnerons ensuite l'exemple d'une chaîne de qubits Josephson couplée capacitivement à un résonateur qui permettrait *a contrario* d'observer une telle transition de phase. Nous analyserons alors les différences entre la situation de *cavity QED* et celle de *circuit QED*. Dans un troisième chapitre, nous donnerons un deuxième exemple de circuits quantiques permettant de reproduire le modèle de Dicke. Nous y considèrerons un autre type d'atomes artificiels qui seront couplés inductivement au champ du résonateur. L'Hamiltonien correspondant sera résolu dans le cas d'un nombre fini d'atomes, pour des modes sinusoïdaux ou uniformes, et nous quantifierons analytiquement la levée de dégénerescence dans la limite de couplage ultrafort $\Omega_0/\omega_{eg} \gg 1$. Le *splitting* entre les deux premiers niveaux étant exponentiellement petit, on parlera de quasi-dégénérescence dans cette limite. Les deux vides quasi-dégénérés auront la forme de Chats de Schrödinger :

$$|\Psi_G\rangle \simeq \frac{1}{\sqrt{2}} \left\{ |\alpha\rangle_{ph} \, \Pi_{j=1}^N |+\rangle_j + (-1)^N |-\alpha\rangle_{ph} \, \Pi_{j=1}^N |-\rangle_j \right\} \qquad (1)$$

$$|\Psi_E\rangle \simeq \frac{1}{\sqrt{2}} \left\{ |\alpha\rangle_{ph} \, \Pi_{j=1}^N |+\rangle_j - (-1)^N |-\alpha\rangle_{ph} \, \Pi_{j=1}^N |-\rangle_j \right\}, \qquad (2)$$

superpositions symétriques et antisymétriques d'états cohérents (pour la partie photonique) de cohérence opposée et vérifiant $|\alpha| \sim \sqrt{N}\Omega_0/\omega_{eg}$ (où ω_{eg} est mis à résonance de la fréquence de la cavité), multipliés par des états ferromagnétiques (pour la partie électronique) de direction opposée. On prouvera que de tels états *résistent* à un certain type de fluctuations extérieures. Dans le quatrième chapitre, on introduira un modèle de Dicke généralisé, dans lequel deux chaînes indépendantes de systèmes à deux niveaux sont couplées aux deux quadratures différentes d'un mode bosonique. Un tel modèle sera étudié en toute généralité et on prouvera qu'il peut donner lieu à une double brisure de symétrie. Nous donnerons le diagramme de phase bi-dimensionnel associé, ainsi qu'une application en information quantique avec la possibilité de créer des phases géométriques. De plus, nous proposerons un circuit quantique correspondant à ce modèle. Enfin, dans le cinquième et dernier chapitre, nous étudierons le comportement dynamique d'un qubit constitué des deux vides quasi-dégénérés d'un système de *circuit QED* en couplage ultrafort. Nous proposerons une architecture de portes quantiques reposant sur l'emploi de

plusieurs résonateurs supraconducteurs. Nous montrerons que les temps de cohérence et les fidélités des opérations peuvent être singulièrement accrus pour
des valeurs optimales du couplage lumière-matière.

A l'issue de ces développements, nous serons peut-être en mesure de fournir
quelques raisons d'augmenter *un peu plus* le couplage lumière-matière.

Chapitre 1

Introduction à l'Electrodynamique Quantique des Circuits Supraconducteurs

Nous introduisons ici l'électrodynamique quantique en circuit (en anglais *circuit QED*). Le nom de ce domaine relativement récent (moins d'une dizaine d'années) repose sur une analogie forte avec l'électrodynamique quantique en cavité (*cavity QED*), où l'interaction entre un atome et le champ électrique du vide de la cavité s'effectue au niveau quantique. Dans le cas de la *circuit QED*, l'interaction a lieu entre un atome artificiel supraconducteur de taille micrométrique (donc constitué de plusieurs millions d'atomes) et les fluctuations de tension ou de flux d'un résonateur supraconducteur de longueur centimétrique. L'échelle de ces systèmes est donc mésoscopique, et les variables quantiques pertinentes dans le cas de la *cavity QED*, l'amplitude du champ électrique du vide, la position, l'impulsion des électrons impliqués dans les transitions atomiques etc.., cèdent la place en *circuit QED* à des variables *collectives* typiques des circuits électriques comme la charge, le courant, la différence de potentiel ou de flux entre deux points, etc... Ces grandeurs satisfont beaucoup des principes qui nous sont familiers en électronique classique, comme les lois de Kirchoff de conservation (lois des mailles ou lois des noeuds), ou les lois de fonctionnement de certains constituants qui composent ces atomes artificiels ($Q = CU$ aux bornes d'une capacité, $\phi = LI$ aux bornes d'une inductance). La grande différence avec l'électronique classique provient de l'emploi de matériaux supraconducteurs (donc non dissipatifs), qui peut conférer un caractère *quantique* à certaines de ces grandeurs mésoscopiques. Ces matériaux permettent en outre de former les *jonctions Josephson*, constituants inédits en électronique classique, et indispensables puisqu'à la fois non dissipatifs et non linéaires, ils engendrent une anharmonicité du spectre d'énergie dans des circuits isolés de l'environnement. Les degrés de liberté collectifs sont alors astreints de demeurer sur quelques niveaux d'énergie séparés du reste du spectre, ce qui permet la création d'atomes artificiels. Ils ont différentes propriétes selon la géométrie des connections et les énergies relatives des capacités, inductances ou jonctions Josephson qui les composent, et qui vont déterminer leur spectre. Le résonateur, lui, est le plus souvent constitué de trois bandes de supraconducteur (*stripline resonator*), d'une dizaine de microns de largeur et de quelques centimètres de longueur, et coupées aux extrémités par deux grandes capacités qui l'isolent de l'extérieur, et qui jouent le même rôle que les deux miroirs d'un Fabry-Pérot. On peut le modéliser par une séquence d'inductances et de capacités, constituants linéaires dont la dynamique est celle d'une somme d'oscillateurs harmoniques couplés, dont les fonctions d'ondes devant s'annuler aux bords, sont sinusoïdales avec différentes longueurs d'onde. Les champs de tension ou de flux le long du résonateur sont donc bosoniques, multimodes et sont analogues aux champs électromagnétiques du vide dans une cavité. Peut-être abusivement, le quantum d'excitation de ces oscillateurs harmoniques est souvent appelé *photon*, et le mot de lumière est employé pour décrire ces modes [1]. Enfin, les atomes peuvent être couplés au résonateur de différentes manières, tantôt par une capacité jusqu'à la masse (*couplage capacitif*), tantôt placés le long de la ligne de transmission du résonateur avec des inductances ou par une mutuelle magnétique (*couplage inductif*). Nous verrons alors que les valeurs typiques de ces couplages sont très différentes, donnant lieu à des régimes d'interaction lumière-matière différents. Les notions développées ici serviront de base à l'étude des chaînes d'atomes couplés au résonateur dans les chapitres ultérieurs.

---

1. Il s'agit de photons dans un solide, donc il y a aussi un champ de polarisation électrique du milieu qui oscille.

1.1 Le circuit LC quantique

Conceptuellement, l'oscillateur LC quantique est le circuit quantique le plus simple que l'on puisse imaginer. Un tel circuit est montré en figure 1.1 : il est constitué d'une capacité en série avec une inductance. Toutes les parties métalliques sont supraconductrices (voire figure 1.1), ce qui empêche la dissipation, un point crucial pour le maintien du caractère quantique des variables.

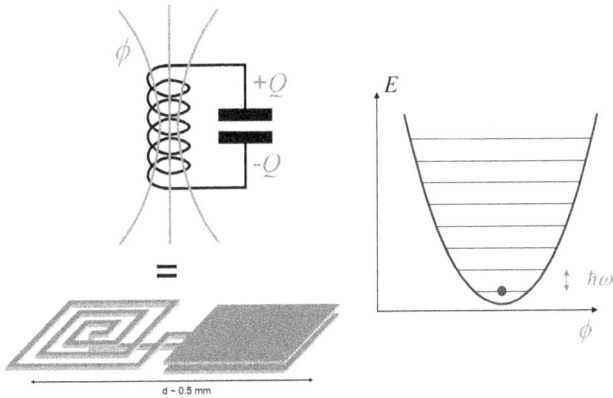

FIGURE 1.1 – A gauche : le circuit LC quantique est constitué d'une inductance et d'une capacité en métal supraconducteur. L'inductance vaut typiquement 3 nH, et la capacité 1 pF, conduisant à une fréquance typique $f_r = \omega_r/(2\pi) = 1/(2\pi\sqrt{LC}) \sim 3\,GHz$. A droite : le spectre d'energie de l'oscillateur LC est harmonique : toutes les transitions entre niveaux voisins sont égales à ω_r. *Figure extraite de la référence [22].*

Le flux $\hat{\Phi}$ dans l'inductance peut être choisi comme variable de position, et la charge $\hat{Q}$ de la capacité peut être vue comme sa variable conjuguée. $\hat{\Phi}$ et $\hat{Q}$ doivent être traités comme des opérateurs conjugués qui satisfont $[\hat{\Phi}, \hat{Q}] = i\hbar$ où $\hbar$ est la constante de Planck. Les lois constitutives de l'inductance et de la capacité sont telles que les équations du mouvement du système sont celles d'un oscillateur harmonique d'Hamiltonien :

$$\hat{H} = \frac{\hat{\Phi}^2}{2L} + \frac{\hat{Q}^2}{2C} \tag{1.1}$$

et de pulsation propre :

$$\omega_r = 1/\sqrt{LC}. \tag{1.2}$$

Le principe de correspondance peut être invoqué pour justifier l'écriture directe de son Hamiltonien quantique à partir de la connaissance de l'Hamiltonien classique ; nous verrons par la suite une manière systèmatique de dériver les Hamiltoniens de circuit quantique. De manière tout à fait standard, on peut alors introduire les opérateurs bosoniques $\hat{a} = -i\hat{\phi}/\phi_r + \hat{Q}/Q_r$ et $\hat{a}^\dagger = i\hat{\phi}/\phi_r + \hat{Q}/Q_r$ où $\phi_r = \sqrt{2\hbar\omega_r L}$ et $Q_r = \sqrt{2\hbar\omega_r C}$. On réécrit alors :

$$\hat{H} = \hbar\omega_r(\hat{a}^\dagger\hat{a} + 1/2) = \hbar\omega_r(\hat{n} + 1/2) \tag{1.3}$$

avec $\hat{n}$ le nombre de quanta d'excitations, appelés *photons*. Il faut noter que l'on peut facilement modifier ω_r en changeant la dimension de la capacité et de l'inductance, et qu'elle n'est pas contrainte par des constantes fondamentales de la nature. Certains auteurs [23] y voient une preuve du caractère véritablement macroscopique des variables quantiques du circuit. Le circuit quantique LC trouve une existence pratique dans la réalisation de certains types de résonateurs 'compactés' (voire section 1.5). D'une dizaine de microns de largeur, leur fréquence typique $f_r = \omega_r/(2\pi)$ vaut $3\,GHz$, très en-dessous du seuil au-delà duquel les paires de Cooper se cassent et donnent lieu à des quasi-particules. Pour l'aluminium, de température de transition 1.1 K, une telle fréquence vaut $2\Delta/h \simeq 100GHz$. Le circuit LC quantique possède un défaut si l'on ambitionne d'utiliser les circuits pour manipuler l'information quantique : les transitions inter-niveaux sont toutes dégénérées, puisqu'il est un oscillateur harmonique. Il est donc impossible de l'utiliser pour fabriquer un qubit où seuls 2 états quantiques interviennent. Pour pallier ce problème, il faut introduire une non-linéarité, qui doit par ailleurs, ne pas détruire la cohérence quantique en dissipant de l'énergie. Le seul constituant non-linéaire et non-dissipatif est la *jonction Josephson*.

1.2 La jonction Josephson

1.2.1 L'effet Josephson

Une jonction Josephson est constituée de deux supraconducteurs séparés par une couche isolante très mince (i.e. $\sim$ 1nm) comme le montre la figure 1.2. Les fonctions d'onde des fondamentaux de chaque supra peuvent alors se recouvrir, et un calcul au deuxième ordre montre que sous certaines conditions, les paires de Cooper peuvent traverser la couche isolante par effet tunnel sans dissipation. Cela se traduit au niveau macroscopique par *la première équation*

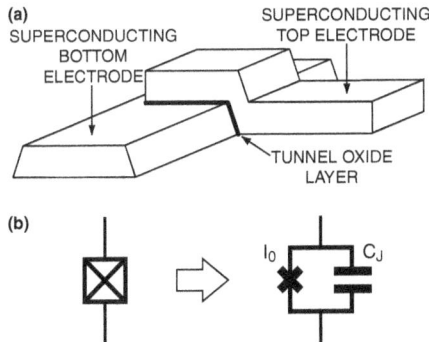

FIGURE 1.2 – En haut : un schéma d'une jonction Josephson. (*Figure extraite de la référence [23]*). En bas, la schématisation électrique correspondante. La croix indique la jonction Josephson.

de Josephson [6] :

$$I = I_0 \sin(\delta), \qquad (1.4)$$

où I est le courant traversant la jonction, δ est la différence entre les deux phases (= paramètre d'ordre) des supraconducteurs, et où I_0 est le courant critique qui dépend notamment de la résistance de la jonction et du gap des supraconducteurs [24]. En fait, le courant Josephson se produit sans dissipation car il correspond à la valeur d'expectation du courant sur le *nouvel* état fondamental, c'est à dire celui du système entier, fait des deux supraconducteurs et de la jonction, donc incluant l'Hamiltonien de tunnel à travers la jonction [25].

On peut même rendre ce courant *alternatif* en maintenant une tension *constante* V aux bornes de la jonction. Il est en effet possible de voir par une transformation de jauge [25] que la fonction d'onde de chaque électron acquiert alors un facteur $exp(i \int (eV/\hbar)dt)$. Ce qui se traduit macroscopiquement par *la deuxième équation de Josephson* [6] :

$$\frac{d\delta}{dt} = V\frac{2\pi}{\Phi_0} = V\frac{2e}{\hbar}, \qquad (1.5)$$

où $\Phi_0 = h/2e$ est le quantum de flux élémentaire.

Il est alors pratique de définir une quantité macroscopique, qui est apparue naturellement dans le facteur de phase des fonctions d'onde des électrons soumis à un potentiel électrique V : c'est le flux de branche aux bornes d'un élément électrique :

$$\Phi(t) = \int_{-\infty}^{t} V(t')dt', \qquad (1.6)$$

où $V(t')$ est la différence de potentiel électrique au temps t' entre ces bornes, c'est-à-dire l'intégrale spatiale du champ électrique le long de l'élément électrique. Cette définition générale coïncide dans le cas d'une inductance ordinaire (voir figure 1.1) avec le flux magnétique qui traverse les boucles qui la composent, et qui est relié au courant électrique par la relation constitutive :

$$I(t) = \frac{1}{L}\Phi(t), \qquad (1.7)$$

où L est constant. Nantis de cette *nouvelle* quantité, le flux de branche $\Phi(t)$, nous pouvons alors revenir au cas de la jonction Josephson. La deuxième équation de Josephson (1.5) se réécrit alors $\delta(t) = \Phi(t)\frac{2\pi}{\Phi_0}$. Cela permet en outre de reformuler la première équation de Josephson :

$$I(t) = I_0 \sin(\Phi(t)\frac{2\pi}{\Phi_0}). \qquad (1.8)$$

Cette loi, qui relie le flux de branche au courant de la jonction traduit son caractère inductif. Mais contrairement à l'inductance standard de l'Eq. (1.7), l'inductance de la jonction Josephson $L_J(\Phi)$ est **non linéaire** :

$$L_J(\Phi) = (\frac{\partial I}{\partial \Phi})^{-1} = \frac{L_{J0}}{\cos(\Phi\frac{2\pi}{\Phi_0})}. \qquad (1.9)$$

La constante $L_{J0} = \frac{\Phi_0}{2\pi I_0}$ est appelée inductance linéaire effective Josephson, et apparaît naturellement quand on linéarise le sinus autour de $\Phi = 0$. Pour une jonction de 100nm $\times$ 100nm, elle vaut typiquement 100nH ; il faudrait pour obtenir une inductance équivalente dans une boucle standard, atteindre un diamètre de $1\,cm$. De plus, il convient de remarquer que la périodicité de l'inductance cosinusoïdale $L_J(\Phi)$ est directement reliée au caractère discret des paires de Cooper qui constituent le courant Josephson, car pour chacune, l'amplitude de tunnel à travers la couche isolante est proportionnelle au facteur de phase de même périodicité $exp(i\Phi(t)\frac{2\pi}{\Phi_0})$.

On peut enfin introduire l'énergie Josephson $E_J = I_0\Phi_0/2\pi$ associée à ce courant. Lorsque l'on calcule l'énergie emmagasinée dans la jonction $E(t) = \int_{-\infty}^{t} I(t')V(t')dt'$, on trouve l' énergie cosinusoïdale :

$$E(t) = -E_J\cos(\Phi(t)\frac{2\pi}{\Phi_0}). \tag{1.10}$$

Il est même possible d'avoir des jonctions à l'energie Josephson règlable *in situ* grâce à un flux magnétique : ce sont les SQUIDs (Superconducting Quantum Interference Devices).

1.2.2 Le SQUID

Le schéma d'un SQUID est donné en figure 1.3. Il est constitué de deux jonctions Josephson de même courant critique I_0 placées le long d'une boucle supraconductrice traversée par le flux Φ_{ext} d'un champ magnétique $\vec{B}$. Celui-ci, dérivant d'un potentiel vecteur $\vec{A}(\vec{r})$ va changer localement la fonction d'onde des fondamentaux de chaque morceau de supraconducteur en leur ajoutant un terme de jauge $exp(-2ie\vec{A}(\vec{r}).\vec{r}/\hbar)$, ce qui modifie les phases $\theta_1(\vec{r})$ et $\theta_2(\vec{r})$ (voir figure 1.3). Par continuité de la fonction d'onde, la variation de phases après un tour doit être un multiple de 2π. Cette condition , dite de **quantification de flux**, s'écrit alors :

$$\delta_a - \delta_b + \frac{2\pi\Phi_{ext}}{\Phi_0} = 2\pi m \text{ avec } m \in \mathbb{Z}, \tag{1.11}$$

où δ_a (resp. δ_b) est le saut de phase de la jonction a (resp. b) et où $\frac{2\pi\Phi_{ext}}{\Phi_0} = \frac{2e}{\hbar}\oint\vec{A}.\vec{dl}$.

Une telle condition se généralise aisément à des boucles contenant plus de jonctions (voir section 1.3.2). Le courant I en sortie de boucle est somme des

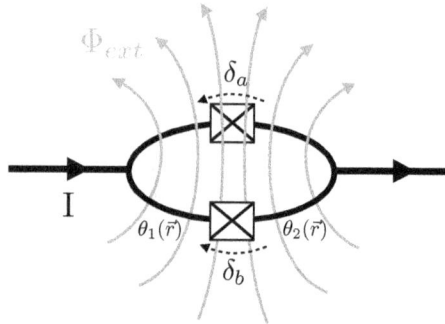

FIGURE 1.3 – Un SQUID : 2 jonctions Josephson forment une boucle traversée par un champ magnétique de flux Φ_{ext}. Ce dispositif est équivalent à une jonction Josephson effective d'energie Josephson réglable $E_J(\Phi_{ext}) = E_J \cos(\frac{\pi \Phi_{ext}}{\Phi_0})$.

deux courants Josephson dans chaque jonction : $I = I_0 \sin(\delta_a) + I_0 \sin(\delta_b)$, ce qui s'écrit encore :

$$I = 2I_0 \sin(\delta) \cos(\frac{\pi \Phi_{ext}}{\Phi_0}), \qquad (1.12)$$

où $\delta = (\delta_a + \delta_b)/2$. On constate que cette loi est analogue à la loi de fonctionnement d'une jonction Josephson unique de différence de phase δ (cf Eq. (1.4)), à ceci près que l'énergie Josephson effective $E_J(\Phi_{ext}) = E_J cos(\frac{\pi \Phi_{ext}}{\Phi_0})$ peut se régler grâce au flux magnétique extérieur.

Maintenant que nous connaissons l'énergie ainsi que la relation constitutive (Eq. (1.8)) d'une jonction Josephson, et d'un SQUID, nous possèdons tous les éléments pour déterminer les Hamiltoniens quantiques de circuits faits de capacités, d'inductances et de jonctions Josephson. Nous verrons alors que sous certaines conditions, ils peuvent donner lieu à des spectres d'energie extrêmement anharmoniques, et permettre la création de qubits. Mais avant cela, nous devons évoquer la procédure par laquelle on peut calculer les Hamiltoniens des circuits quantiques.

1.3   La dérivation des Hamiltoniens de circuits quantiques

1.3.1   Principes de la méthode

Comment calculer l'Hamiltonien d'un circuit quantique quelconque, contenant des capacités, des inductances, des jonctions Josephson, et formant une multitude de branches, de noeuds et de boucles ? Cette question a été étudiée d'abord par Yurke et Denker [26], puis par M. Devoret [22, 27] dont nous utiliserons une version sommaire de la méthodologie à chaque fois que nous aurons à calculer l'Hamiltonien d'un circuit. Il convient d'emblée de préciser que le même circuit admet plusieurs Hamiltoniens équivalents selon le choix de représentation que l'on fait (utilisation des courants, des charges, des flux de branches ou de boucles).

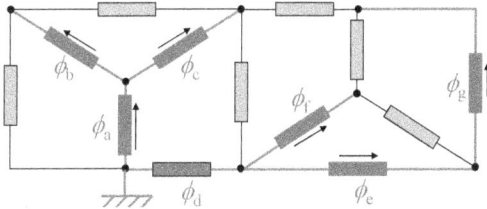

FIGURE 1.4 – Arbre des flux de branches. Chaque noeud du circuit est connecté à la masse par un unique chemin appartenant à cet arbre (en vert) qui est sans boucle. Par ce moyen, on regroupe un ensemble de variables indépendantes (les flux de branches ϕ_j) grâce auxquelles la dynamique du circuit sera décrite. *Figure extraite de la référence [22].*

Nous opterons plutôt pour les flux de branches (voir définition en Eq. (1.6)) dont nous devrons choisir un ensemble de N flux $(\phi_1, .., \phi_j, .., \phi_N)$ **indépendants**. Pour ce faire, on commence par choisir un noeud du circuit qui sera à la masse (potentiel = 0). Puis, depuis la masse, un ensemble de branches sans boucle, qui forme un arbre est déterminé. Chaque noeud du circuit doit être connecté à la masse par un unique chemin appartenant à l'arbre, comme le montre la figure 1.4. On préférera les branches possédant des inductances, même si ce n'est pas obligatoire ; il y aura d'ailleurs bien des circuits sans inductances (cf section 1.3.2). Les lois constitutives des inductances, capacités et jonctions Josephson du circuit, ainsi que les relations de Kirchoff (cf figure 1.5) et les relations de quantification des flux autour des boucles (cf section 1.2.2) permettront d'écrire tous les flux, potentiels et courants du circuit comme des combinaisons linéaires de l'ensemble $(\phi_1, .., \phi_j, .., \phi_N)$, de ses dérivées première et seconde et des sources de flux magnétiques extérieurs et de potentiels. Ces relations permettront en outre de former un ensemble d'équations différentielles reliant le set de flux indépendants et ses dérivées premières et secondes : ce seront les équations du mouvement.

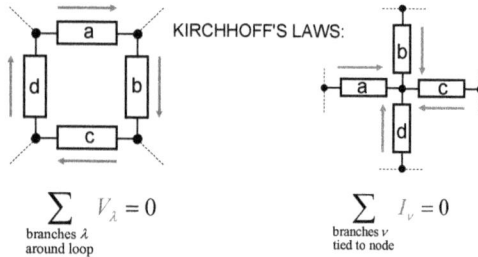

$$\sum_{\text{branches } \lambda \atop \text{around loop}} V_\lambda = 0 \qquad \sum_{\text{branches } \nu \atop \text{tied to node}} I_\nu = 0$$

FIGURE 1.5 – Relations de Kirchoff : à gauche, loi des mailles, à droite loi des noeuds. *Figure extraite de la référence [22].*

On *fabriquera* alors un Lagrangien $\mathcal{L}(\phi_1, .., \phi_j, .. \phi_N, \dot{\phi}_1, .., \dot{\phi}_j, .., \dot{\phi}_N)$ dans lequel les énergies potentielles seront les énergies des inductances (linéaires ou Josephson) exprimées en fonction de $(\phi_1, .., \phi_j, .., \phi_N)$ et des flux magnétiques extérieurs. Les énergies cinétiques seront les énergies des capacités proportionnelles aux carrés des différences de potentiel à leurs bornes, et exprimées en fonction de $(\dot{\phi}_1, .., \dot{\phi}_j, .., \dot{\phi}_N)$ et des tensions sources. Les équations d'Euler Lagrange associées $(\frac{d}{dt}\frac{\delta\mathcal{L}}{\delta\dot{\phi}_j} = \frac{\delta\mathcal{L}}{\delta\phi_j}\forall j = 1..N)$ devront alors redonner les équations du mouvement. Les moments conjugués $(\mathcal{Q}_1, .., \mathcal{Q}_j, ..\mathcal{Q}_N)$ seront calculés qui devront vérifier $\mathcal{Q}_j = \frac{\delta\mathcal{L}}{\delta\dot{\phi}_j}\forall j = 1..N$. Puis, une transformation de Legendre $\mathcal{H} = \sum_{j=1}^{N}\mathcal{Q}_j\dot{\phi}_j - \mathcal{L}$ permettra d'obtenir l'Hamiltonien classique du circuit. Enfin, l'Hamiltonien quantique $\hat{H}$ est déterminé en remplaçant les variables par leur opérateur quantique équivalent : $(\phi_j, \mathcal{Q}_j) \to (\hat{\phi}_j, \hat{\mathcal{Q}}_j)$ vérifiant $[\hat{\phi}_j, \hat{\mathcal{Q}}_j] = i\hbar \ \forall j = 1..N$.

1.3.2 Exemple d'application

Nous avons choisi comme exemple d'application de cette procèdure, la dé-rivation de l'Hamiltonien du *Delft* qubit [28, 29], pour deux raisons. D'abord parce que c'est un exemple emblématique d'une des principales familles de qu-bits supraconducteurs, les qubits dits *de flux*, comme nous le verrons dans le chapitre 1.4. Ensuite, le calcul comporte des subtilités qui seront utiles par la suite.

Le circuit électrique équivalent du *Delft* qubit est montré figure 1.6. Il est constitué de 4 jonctions Josephson couplées à deux tensions de porte par l'in-termédiaire de deux capacités, et distribuées autour de deux boucles traversées par des flux magnétiques f_1 et f_2 indépendants du temps.

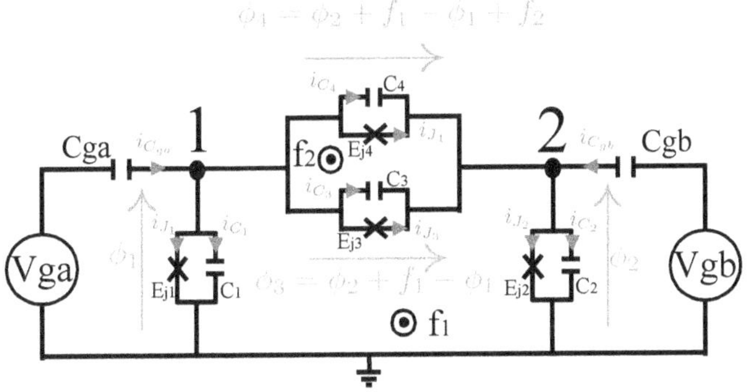

FIGURE 1.6 – Schéma électrique équivalent du *qubit de Delft*. Son Hamiltonien se calcule en choisissant comme variables indépendantes les flux de branches ϕ_1 et ϕ_2 et en appliquant la méthode détaillée dans le texte.

La jonction de gauche (resp. de droite) a une énergie Josephson E_{J1} (resp. E_{J2}), et une capacité C_1 (resp. C_2) ; la jonction centrale du bas (resp. du haut) a une energie Josephson E_{J3} (resp. E_{J4}) et une capacité C_3 (resp. C_4). Les noeuds 1 et 2 séparant les jonctions latérales, de la boucle centrale repré-sentent les îles supraconductrices et sont couplées par des capacités C_{ga} et C_{gb} aux tensions de porte V_{ga} et V_{gb}.

Appliquons à ce circuit notre procédure. La masse est choisie comme sur le circuit. Depuis elle, on atteint les noeuds 1 et 2 par les deux branches qui

forment notre arbre. Les flux de branches correspondants ϕ_1 et ϕ_2 permettent
d'exprimer tous les flux de branche du circuit. En particulier, grâce à la condition de quantification du flux (voir section 1.2.2), le flux le long de la jonction
centrale du bas vaut $\phi_3 = \phi_2 + f_1 - \phi_1$. De même, le flux de la branche centrale
du haut s'écrit $\phi_4 = \phi_3 + f_2 = \phi_2 + f_1 - \phi_1 + f_2$. De plus, le potentiel aux
bornes de la capacité C_{ga} (resp. C_{gb}) est $V_{ga} - \dot{\phi}_1$ (resp. $V_{gb} - \dot{\phi}_2$).
Conformément au protocole, le Lagrangien du circuit s'écrit alors :

$$
\begin{aligned}
\mathcal{L} = &\sum_{j=1}^{4} \frac{C_j}{2}(\dot{\phi}_j)^2 + E_{Jj}\cos(\phi_j) + \frac{C_{ga}}{2}(V_{ga} - \dot{\phi}_1)^2 + \frac{C_{gb}}{2}(V_{gb} - \dot{\phi}_2)^2 \\
= &\frac{C_1}{2}(\dot{\phi}_1)^2 + \frac{C_2}{2}(\dot{\phi}_2)^2 + \frac{C_3}{2}(\dot{\phi}_2 - \dot{\phi}_1)^2 + \frac{C_4}{2}(\dot{\phi}_2 - \dot{\phi}_1)^2 \\
&+ E_{J1}\cos(\frac{2\pi}{\Phi_0}\phi_1) + E_{J2}\cos(\frac{2\pi}{\Phi_0}\phi_2) + E_{J3}\cos(\frac{2\pi}{\Phi_0}(\phi_2 + f_1 - \phi_1)) \\
&+ E_{J4}\cos(\frac{2\pi}{\Phi_0}(\phi_2 + f_1 - \phi_1 + f_2)) + \frac{C_{ga}}{2}(V_{ga} - \dot{\phi}_1)^2 \\
&+ \frac{C_{gb}}{2}(V_{gb} - \dot{\phi}_2)^2.
\end{aligned}
\tag{1.13}
$$

Les équations d'Euler Lagrange :

$$
\begin{cases}
\frac{d}{dt}\frac{\delta \mathcal{L}}{\delta \dot{\phi}_1} = \frac{\delta \mathcal{L}}{\delta \phi_1} \Rightarrow i_{C_1} + i_{C_3} + i_{C_4} - i_{C_{ga}} = -i_{J_1} - i_{J_3} - i_{J_4} \\
\frac{d}{dt}\frac{\delta \mathcal{L}}{\delta \dot{\phi}_2} = \frac{\delta \mathcal{L}}{\delta \phi_2} \Rightarrow i_{C_2} - i_{C_3} - i_{C_4} - i_{C_{gb}} = -i_{J_2} + i_{J_3} + i_{J_4}
\end{cases}
\tag{1.14}
$$

ne donnent rien d'autres que les lois des noeuds aux points 1 et 2.
Calculons alors les moments conjugués $\mathcal{Q}_1 = \frac{\delta \mathcal{L}}{\delta \dot{\phi}_1}$ et $\mathcal{Q}_2 = \frac{\delta \mathcal{L}}{\delta \dot{\phi}_2}$:

$$
\begin{pmatrix} \mathcal{Q}_1 \\ \mathcal{Q}_2 \end{pmatrix} = \mathcal{C} \begin{pmatrix} \dot{\phi}_1 \\ \dot{\phi}_2 \end{pmatrix} - \mathcal{C}_g \begin{pmatrix} V_{ga} \\ V_{gb} \end{pmatrix},
\tag{1.15}
$$

où $\mathcal{C} = \begin{pmatrix} C_1 + C_3 + C_4 + C_{ga} & -(C_3 + C_4) \\ -(C_3 + C_4) & C_2 + C_3 + C_4 + C_{gb} \end{pmatrix}$ et $\mathcal{C}_g = \begin{pmatrix} C_{ga} & 0 \\ 0 & C_{gb} \end{pmatrix}$.
On note au passage que $\mathcal{Q}_1$ (resp. $\mathcal{Q}_2$) correspond à la charge sur l'île su-
praconductrice 1 (resp. 2), provenant de toutes les capacités connectées à ce
noeud. Une telle écriture matricielle est pratique puisqu'elle permet de réécrire
le Lagrangien sous la forme :

$$
\mathcal{L}(\phi_1, \phi_2, \dot{\phi}_1, \dot{\phi}_2) = \frac{1}{2}\begin{pmatrix} \dot{\phi}_1 & \dot{\phi}_2 \end{pmatrix}\left(\mathcal{C}\begin{pmatrix} \dot{\phi}_1 \\ \dot{\phi}_2 \end{pmatrix} - 2\mathcal{C}_g\begin{pmatrix} V_{ga} \\ V_{gb} \end{pmatrix}\right) - U(\phi_1, \phi_2).
\tag{1.16}
$$

où $U(\phi_1, \phi_2)$ regroupe toutes les énergies inductives de Josephson et les constantes provenant des sources de tension :

$$U(\phi_1, \phi_2) = -E_{J1}\cos(\frac{2\pi}{\Phi_0}\phi_1) - E_{J2}\cos(\frac{2\pi}{\Phi_0}\phi_2) - E_{J3}\cos(\frac{2\pi}{\Phi_0}(\phi_2 + f_1 - \phi_1)) \tag{1.17}$$

$$- E_{J4}\cos(\frac{2\pi}{\Phi_0}(\phi_2 + f_1 - \phi_1 + f_2)) - \frac{C_{gb}}{2}V_{gb}^2 - \frac{C_{ga}}{2}V_{ga}^2.$$

Ensuite, la transformée de Legendre $\mathcal{H} = \begin{pmatrix} \dot{\phi}_1 & \dot{\phi}_2 \end{pmatrix}\begin{pmatrix} \mathcal{Q}_1 \\ \mathcal{Q}_2 \end{pmatrix} - \mathcal{L}$ donne :

$$\mathcal{H}(\phi_1, \phi_2, \mathcal{Q}_1, \mathcal{Q}_2) = \frac{1}{2}\left(\begin{pmatrix} \mathcal{Q}_1 \\ \mathcal{Q}_2 \end{pmatrix} + \mathcal{C}_g\begin{pmatrix} V_{ga} \\ V_{gb} \end{pmatrix}\right)^T \mathcal{C}^{-1}\left(\begin{pmatrix} \mathcal{Q}_1 \\ \mathcal{Q}_2 \end{pmatrix} + \mathcal{C}_g\begin{pmatrix} V_{ga} \\ V_{gb} \end{pmatrix}\right) \tag{1.18}$$

$$+ U(\phi_1, \phi_2)$$

La dernière étape consiste à remplacer les variables conjuguées ϕ_j et $\mathcal{Q}_j$ par leur équivalent quantique $\hat{\phi}_j$ et $\hat{\mathcal{Q}}_j$ qui doivent vérifier $\left[\hat{\phi}_j, \hat{\mathcal{Q}}_j\right] = i\hbar$ pour $j = 1, 2$. L'Hamiltonien dérivé est bien égal à celui calculé dans [28] par une autre méthode; son spectre d'énergie et les propriétes de ses états propres seront brièvement discutés dans la section 1.4.2.

La méthode décrite ci-dessus sera réutilisée pour déterminer les Hamiltoniens des chaines d'atomes supraconducteurs couplées au résonateur (voir chapitre 2 et 3). Elle permet aussi de calculer les Hamiltoniens de tous les circuits des qubits supraconducteurs.

1.4   Les qubits supraconducteurs

Les qubits supraconducteurs sont nés à la fin des années 1990. Leur apparation s'inscrit dans une période d'engouement pour l'informatique quantique, qui a notamment été suscitée par les découvertes de Shor [9] (en 1994) et Grover [10] (en 1996), démontrant la supériorité théorique des bits *quantiques* (ou *qubits*) sur leurs homologues classiques dans l'exécution de certains types de calculs. L'élément commun à tous les qubits supraconducteurs est la jonction Josephson, dont la non-linéarité est essentielle à l'anharmonicité de leur spectre, sans laquelle on ne peut obtenir deux états de plus basse énergie suffisamment séparés des autres pour être traités comme un système quantique à deux niveaux, c'est-à-dire un qubit. Ils ont des géométries différentes, et les capacités, inductances et jonctions Josephson qui composent leur circuit équivalent donnent lieu à des contributions énergétiques dont les rapports et la forme détermineront leurs propriétés. On les classe en trois familles (voir figure 1.7) selon la nature de la variable quantique qui est contrôlée lorsqu'on manipule leurs paramètres externes.

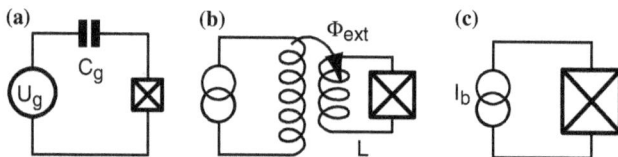

FIGURE 1.7 – Les trois types de qubits supraconducteurs : (a) le qubit de charge ; (b) le qubit de flux ; (c) le qubit de phase.

Il y a les qubits dits *de charge* (section 1.4.1), parmi lesquels la *Boîte à paires de Cooper* [11, 30, 31] et sa version plus moderne, aux temps de cohérence plus longs, le *Transmon* [32]. Nous montrerons leur Hamiltonien, leur spectre et détaillerons certaines de leurs propriétés. Une deuxième famille est constituée des qubits dits *de flux* (section 1.4.2), dont le premier exemple historique a été le *qubit de Delft* [29], et dont le Fluxonium [33] est à ce jour le représentant le plus performant puisque ses temps de cohérence sont comparables ou plus grands que ceux du Transmon. Nous décrirons rapidement les propriétés du *Delft qubit*, et nous calculerons l'Hamiltonien, le spectre et les fonctions d'onde du Fluxonium (section 1.4.2). Enfin, nous évoquerons brièvement les *qubits de phase* [34] (section 1.4.3).

1.4.1 qubits de charges

La Boîte à Paires de Cooper

Le premier qubit supraconducteur à avoir été créé est la Boîte à paires de Cooper. D'abord conçue théoriquement par Büttiker [30], elle a été réalisée expérimentalement par le groupe de Saclay en 1997 [31] ; puis Nakamura et ses collaborateurs ont effectué la spectroscopie de ses niveaux d'énergie et ont pu réaliser des superpositions cohérentes d'états de charge $|n = 0\rangle$ et $|n = 1\rangle$.

Son circuit équivalent est montré en figure 1.7. a). Il est constitué d'une tension de porte U_g, d'une capacité de porte C_g en série avec une jonction Josephson, qui est, rappelons-le, équivalente à une capacité C_J en parallèle d'une inductance Josephson idéale d'énergie Josephson E_J (voir figure 1.2). On peut appliquer la procédure vue plus haut pour déterminer son Hamiltonien. Plaçons la masse entre le générateur de tension continue et la jonction. Appelons ϕ_J le flux aux bornes de la jonction Josephson. Le Lagrangien du système est alors $\mathcal{L}(\phi_J) = \frac{C_g}{2}(-U_g - \dot{\phi}_J)^2 + E_J \cos(\frac{2\pi}{\Phi_0}\phi_J) + \frac{C_J}{2}\dot{\phi}_j^2$. L'équation d'Euler-Lagrange associée donne la loi de conservation du courant à travers les deux branches de la jonction. Le moment conjugué $q = \frac{\delta\mathcal{L}}{\delta\dot{\phi}_J} = C_g(\dot{\phi}_J + U_g) + C_J\dot{\phi}_J$ n'est autre que la charge en excès sur l'île supraconductrice. Celle-ci, dans le système physique, est à la fois l'armature du bas de la capacité C_g et le morceau de supraconducteur en haut de la jonction. Par ailleurs, le morceau de supraconducteur en bas de la jonction est le réservoir supraconducteur, électriquement à la masse. La transformée de Legendre, et l'introduction des opérateurs quantiques $\hat{n} = \hat{q}/2e$ et $\hat{\delta} = \frac{2\pi}{\Phi_0}\hat{\phi}_J$ qui satisfont [2] $\left[\hat{\delta}, \hat{n}\right] = i$ permettent d'écrire :

$$\hat{H} = 4E_C(\hat{n} - n_g)^2 - E_J \cos(\hat{\delta}), \qquad (1.19)$$

où nous avons enlevé la constante $-C_g U_g^2/2$, et où nous avons introduit *l'énergie de charge* $E_C = e^2/(2(C_g + C_J))$ et la *charge de porte* $n_g = C_g U_g/2e$. Dans une representaion de phase, la relation $\left[\hat{\delta}, \hat{n}\right] = i$ permet d'écrire $\hat{n}$ comme un opérateur agissant sur les fonctions d'onde de la variable δ : $\hat{n} = -i\frac{\partial}{\partial\delta}$. Mais $\hat{n}$ représente aussi physiquement le nombre de paires de Cooper en excès sur l'île supraconductrice. Or, les expériences ont démontré que ce nombre est quantifié et ne peut prendre que des valeurs entières. Lorsque les énergies en jeu sont inférieures au gap supraconducteur, une base de l'espace de Hilbert des états physiques de la Boîte à paires de Cooper est alors donnée par les états de charges $|n\rangle$ qui vérifient :

$$\hat{n}|n\rangle = n|n\rangle \quad \forall n \in Z. \qquad (1.20)$$

On peut donc écrire l'Hamiltonien (1.19) dans cette base. En utilisant le fait que $\left[\hat{n}, e^{\pm i\hat{\delta}}\right] = \pm e^{\pm i\hat{\delta}}$, on a $\cos(\hat{\delta}) = (1/2)\sum_n |n\rangle\langle n + 1| + |n + 1\rangle\langle n|$ et l'Hamiltonien donne :

---

2. La relation de commutation entre un opérateur phase et un opérateur nombre est en fait plus compliquée [35]. A ce stade, nous n'avons pas besoin de rentrer dans ces considérations.

$$\hat{H} = 4E_C \sum_n (n - n_g)^2 |n\rangle\langle n| - (E_J/2) \sum_n |n\rangle\langle n+1| + |n+1\rangle\langle n| \quad (1.21)$$

Le nombre de charges $\hat{n}$, comme variable quantique, sera d'autant moins fluctuant que l'énergie capacitive E_C sera grande devant E_J ; sa variable conjuguée, la phase $\hat{\delta}$ fluctuera alors d'autant plus, conformément au principe d'Heisenberg. Mathématiquement, on peut le voir dans l'Hamiltonien précédent : plus E_J est petit devant E_C, et moins le terme qui couple les états de charge successifs sera important, et moins les états propres de basse énergie de l'Hamiltonien recouvriront d'états de charge $|n\rangle$ différents. Physiquement, plus l'effet tunnel entre l'île supraconductrice et le réservoir sera faible devant l'énergie électrostatique, et moins le nombre $\hat{n}$ de paires de Cooper sur l'île fluctuera. Nous avons tracé le spectre d'énergie de cet Hamiltonien pour différentes valeurs du rapport E_J/E_C (voir figure 1.8). Pour les valeurs de n_g proches des demi-entiers,

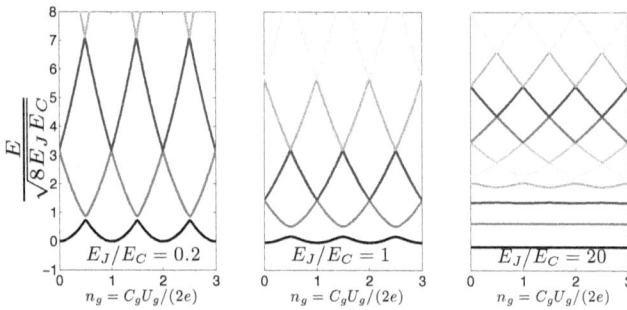

FIGURE 1.8 – Le spectre du qubit de charge pour différentes valeurs du rapport E_J/E_C en fonction de la charge de porte $n_g = C_g U_g/2e$. Plus E_J/E_C est faible, plus les deux premiers niveaux sont isolés du troisième pour des valeurs de n_g proches des demis-entiers : c'est la gamme de fonctionnement de la Boîte à paires de Cooper. Lorsque E_J/E_C augmente, le spectre tend vers celui d'un oscillateur harmonique : c'est le régime du Transmon.

plus E_J/E_C est faible, plus les deux premiers niveaux sont isolés du troisième, c'est donc autour de ces paramètres que les Boîtes à paires de Cooper peuvent être considérées comme des qubits d'Hamiltonien approché :

$$\hat{H}_{qubit} = -4E_C(1/2 - n_g)\hat{\sigma}_z - \frac{E_J}{2}\hat{\sigma}_x \qquad (1.22)$$

où l'on s'est placé dans la base $\{|n = 0\rangle, |n = 1\rangle\}$, et où $\hat{\sigma}_z = \begin{pmatrix} 1 & 0 \\ 0 & -1 \end{pmatrix}$ et où $\hat{\sigma}_x = \begin{pmatrix} 0 & 1 \\ 1 & 0 \end{pmatrix}$.

En plus de la charge de porte n_g, il est même possible de moduler *in-situ* E_J en remplaçant la jonction par un SQUID, permettant ainsi un véritable contrôle de ce qubit par le biais de la charge, qui est la variable quantique couplée à ces *boutons extérieurs*, d'où le nom de *qubit de charge*.

En fait, certains des paramètres du qubit sont soumis à des variations erratiques statiques ou dynamiques qui limitent la cohérence de ce qubit. En particulier, n_g est soumis à un bruit statique, provenant de charges résiduelles issues de la fabrication du dispositif ('*charge offset noïse*'). Or, autour de la valeur $n_g = 1/2$, la différence d'énergie est très sensible à n_g comme le montre la figure 1.8, pour de petits ratios E_J/E_C, et l'on comprend qu'un tel bruit aura de graves conséquences sur le temps de cohérence du qubit.

Pour pallier cette difficulté, un qubit où E_J/E_C est beaucoup plus grand a été conçu, il s'agit du Transmon [32].

Le Transmon

Le Transmon, plus récent (2007), est carctérisé par un grand rapport E_J/E_C. Le spectre tracé en fonction de n_g, est alors beaucoup plus plat, donc moins sensible aux fluctuations de n_g (voir figure 1.8 pour $E_J/E_C = 20$). En première approximation, il est celui d'un oscillateur harmonique. En fait, comme $E_J/E_C \gg 1$, on peut considérer que les fluctuations en $\hat{\delta}$ dans l'Hamiltonien (1.19) seront très faibles et faire un développement du cosinus du terme d'énergie tunnel : $-E_J cos(\delta) \simeq -E_J + (E_J/2)\hat{\delta}^2 - (E_J/24)\hat{\delta}^4$. L'Hamiltonien (1.19) se met alors sous la forme :

$$\hat{H} \simeq 4E_C(\hat{n} - n_g)^2 - E_J + \frac{E_J}{2}\hat{\delta}^2 - \frac{E_J}{24}\hat{\delta}^4. \qquad (1.23)$$

Dans la réprésentation de phase, les fonctions d'onde $\psi(\delta)$ des états propres seront très localisées autour de $\delta = 0$, et l'on pourra négliger la périodicité des conditions aux bords, puis effectuer une transformation de jauge [32] :

$\psi(\delta) \to \tilde{\psi}(\delta) = e^{+in_g\delta}\psi(\delta)$, ce qui permet de réécrire l'Hamiltonien sans charge de porte n_g :

$$\hat{H} \simeq 4E_C\hat{n}^2 - E_J + \frac{E_J}{2}\hat{\delta}^2 - \frac{E_J}{24}\hat{\delta}^4. \qquad (1.24)$$

La première partie de cet Hamiltonien est clairement celle d'un oscillateur harmonique. On peut alors introduire les variables bosoniques :

$$b^\dagger = \frac{1}{\sqrt{2}}\left[i(\frac{E_J}{8E_C})^{1/4}\hat{\delta} + (\frac{8E_C}{E_J})^{1/4}\hat{n}\right] \qquad (1.25)$$

$$b = \frac{1}{\sqrt{2}}\left[-i(\frac{E_J}{8E_C})^{1/4}\hat{\delta} + (\frac{8E_C}{E_J})^{1/4}\hat{n}\right] \qquad (1.26)$$

qui vérifient bien $[b, b^\dagger] = 1$. Cela permet de mettre l'Hamiltonien sous la forme :

$$\hat{H} \simeq \sqrt{8E_JE_C}(b^\dagger b + \frac{1}{2}) - E_J - \frac{E_C}{12}[i(b - b^\dagger)]^4. \qquad (1.27)$$

où les termes négligés d'ordre supérieur ($k \geq 6$) issus du développement du cosinus sont en $E_J\delta^k \propto E_C(E_C/E_J)^{(k-4)/4}[i(b - b^\dagger)]^k$. Les états propres du Transmon sont donc approximativement les états propres de l'oscillateur harmonique, c'est à dire les état $|j\rangle = (b^\dagger)^j/\sqrt{j!}|0\rangle$ où $|0\rangle$ vérifie $b|0\rangle = 0$, et a comme fonction d'onde $\psi_0(\delta)$, gaussienne centrée en $\delta = 0$ de largeur $\sqrt{2}(8E_C/E_J)^{1/4}$. Les énergies propres correspondantes sont séparées par le quantum d'énergie $\sqrt{8E_JE_C}$. En fait, grâce au terme quartique de l'Hamiltonien, il y a une petite anharmonicité, sans laquelle d'ailleurs on ne pourrait utiliser ce système comme un qubit. Cette très faible anharmonicité est néanmoins suffisante pour pouvoir faire de ce dispositif un qubit, notamment grâce à des techniques d'optique, le Transmon étant couplé à un résonateur (voire section 1.6.2). Pour la calculer, on utilise la théorie des perturbations au premier ordre. Les énergies E_n^j de chaque état propre $|j\rangle$ sont donc déplacés d'une quantité $\Delta E_n^j = -\frac{E_C}{12}\langle j|(b - b^\dagger)^4|j\rangle = -\frac{E_C}{12}(6j^2 + 6j + 3)$, ce qui conduit à l'anharmonicité relative :

$$(\omega_{12} - \omega_{01})/\omega_{01} = \sqrt{E_C/(8E_J)} + O[(E_C/E_J)^{3/2}]. \qquad (1.28)$$

L'emploi du Transmon couplé capacitivement à un résonateur a permis de s'affranchir en partie des conséquences néfastes du bruit de charges résiduelles. Nous réutiliserons certaines des expressions développées plus haut dans la section 1.6.2.

1.4.2 Qubits de flux

Le point commun à tous les qubits de flux est d'avoir un potentiel défini par rapport aux variables de flux, et présentant des minima, en lesquels se localisent les fonctions d'onde des états de basse énergie. Les variables quantiques de flux fluctueront alors moins que leur variable conjuguée de charge, et l'on pourra alors les contrôler par les *boutons extérieurs*, d'où le nom de *qubits de flux*. La charge fluctuera alors d'autant plus que son énergie associée sera petite devant l'énergie de tunnel : $E_C \ll E_J$, et l'on pourra considérer cette situation comme duale de celle qui prévaut pour les Boîtes à paires de Cooper. Le qubit de flux le plus simple dans sa conception est le RF-SQUID, sorte de SQUID muni d'une grande boucle ayant un effet inductif [12, 36].

Le RF squid

Le schéma de ce qubit est montré en figure 1.7. b. Un flux magnétique extérieur Φ_{ext} est imposé à la boucle si bien que la condition de quantification des flux (cf section 1.2.2) s'écrit : $\phi - \Phi_{ext} - \Phi_0/(2\pi)\delta = 0$ où ϕ est le flux de branche le long de l'inductance et δ la différence de phase aux bornes de la jonction. Choisissons comme variable unique ϕ. Appliquant le protocole de la section précédente, le Lagrangien du système est alors $\mathcal{L}(\phi) = (C/2)\dot{\phi}^2 + E_J \cos(\frac{2\pi}{\Phi_0}(\phi - \Phi_{ext})) - \phi^2/(2L)$ où L est l'inductance de la boucle, C la capacité de la jonction Josephson et E_J son énergie Josephson. L'équation d'Euler-Lagrange associée donne la loi de conservation du courant à travers les deux branches de la jonction. Le moment conjugué $q = \frac{\delta\mathcal{L}}{\delta\dot{\phi}} = C\dot{\phi}$ correspond à la charge électrique sur l'armature de la jonction. L'Hamiltonien s'écrit alors :

$$\hat{H} = \frac{\hat{q}^2}{2C} + \frac{\hat{\phi}^2}{2L} - E_J \cos(\frac{2\pi}{\Phi_0}(\hat{\phi} - \Phi_{ext}))$$
$$= 4E_C\hat{n}^2 + \frac{E_L}{2}\hat{\varphi}^2 - E_J \cos(\hat{\varphi} - \frac{2\pi}{\Phi_0}\Phi_{ext}),$$

$$(1.29)$$

où l'on a introduit la variable quantique réduite $\hat{\varphi} = \frac{2\pi}{\Phi_0}\phi$, l'énergie d'inductance $E_L = \frac{\Phi_0^2}{4\pi^2 L}$ et où comme précédemment l'énergie de charge est $E_C = e^2/2C$ et où $[\hat{\varphi}, \hat{n}] = i$. A la différence de la Boîte à paires de Cooper, le potentiel $(E_L/2)\hat{\varphi}^2 - E_J \cos(\hat{\varphi} - \frac{2\pi}{\Phi_0}\Phi_{ext})$ n'est plus périodique à cause de la présence de l'inductance qui ajoute une composante parabolique d'énergie typique E_L.

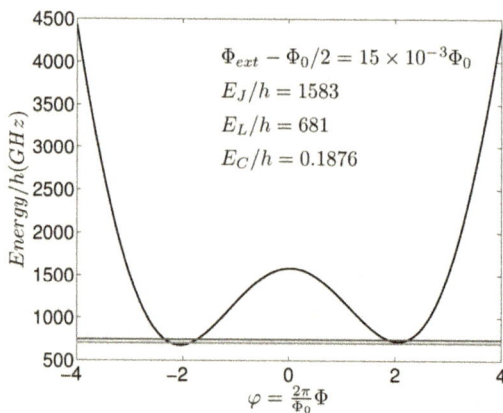

FIGURE 1.9 – Potentiel et deux premiers niveaux d'énergie du RF SQUID pour les paramètres mentionnés sur le graphe et issus de [12]. Dans ce type de système, l'énergie tunnel est très grande devant l'énergie de charge : $E_J \gg E_C$ (parfois plus de trois ordres de grandeur) et $E_J/E_L \sim 2$. L'écart typique entre les deux premiers niveaux s'élève alors à une cinquantaine de GHz.

La variable φ n'est donc plus astreinte à demeurer sur un cercle mais vit sur une ligne : la topologie des fonctions d'onde $\Psi(\varphi)$ s'en trouvera modifiée : elles ne seront plus 2π périodiques mais devront être de carré intégrable sur $]-\infty;+\infty[$.

Nous avons tracé ce potentiel pour des valeurs typiques des énergies d'inductance et Josephson en figure 1.9. L'on y voit que pour des valeurs de Φ_{ext} proches du demi-quantum de flux $\Phi_0/2$, il présente une structure en double puits (symétrique si $\Phi_{ext} = \Phi_0/2$). Le nombre de minima dans le potentiel dépendra directement du rapport E_J/E_L. Pour les valeurs de E_J et E_L issus de [12], $E_J/E_L \simeq 2.3$ et il n'y a que deux minima locaux dans le potentiel. Par ailleurs, l'énergie de charge E_C étant très petite devant l'énergie Josephson E_J (plusieurs ordres de grandeurs, voire figure 1.9), les fonctions d'onde des états propres seront alors très localisées dans les deux puits de potentiel. Ainsi la phase φ fluctuera peu et à l'inverse, grâce à l'inégalité d'Heinsenberg, les fluctuations quantiques du nombre de charge $\hat{n}$ seront élevées, rendant en comparaison d'autant plus faibles les fluctuations statiques de charges ('charge offset noise'), neutralisant ainsi son effet. Au point de dégénérescence ($\Phi_{ext} = \Phi_0/2$), le splitting E_δ entre les deux premiers niveaux dépend exponentiellement de la hauteur de la barrière $E_\delta = \mu\sqrt{E_J E_C}e^{-\chi\sqrt{E_J/E_C}}$ où χ et μ sont des constantes numériques. Les deux premiers états propres sont alors les combinaisons symétriques et antisymétriques des gaussiennes localisées dans chaque puits ('clockwise and anti-clockwise persistent current states'). Lorsqu'on quitte le point de dégénerescence, l'écart entre niveaux varie linéairement avec le flux : $\zeta(\Phi_0^2/(2L))(\Phi_{ext}/\Phi_0 - 1/2)$, où ζ est aussi une constante numérique si bien que l'Hamiltonien effectif dans la base des sommes symétriques et antisymétriques des fondamentaux de chaque puits est :

$$\hat{H}_{qubit} = \frac{E_\delta}{2}(\hat{\sigma}_z + \zeta\frac{\Phi_0^2}{2LE_\delta}(\frac{\Phi_{ext}}{\Phi_0} - \frac{1}{2})\hat{\sigma}_x). \qquad (1.30)$$

En fait, on utilise un petit SQUID à la place de la jonction Josephson, si bien qu'on peut moduler in-situ à la fois E_J (donc E_δ), et Φ_{ext}. Comme ces boutons extérieurs permettent de contrôler la variable quantique de flux $\hat{\varphi}$, on appellera ce genre d'atomes qubits de flux. Moins sensibles que les Boîtes à Paires de Cooper au bruit de charges résiduelles, ils le sont en revanche d'avantage à un autre type de bruit, affectant le flux traversant la boucle, et qui est appelé bruit de flux [37, 38]. D'un fonctionnement analogue, le qubit de Delft est brièvement présenté dans la section suivante.

Deltf qubit

Le schéma de ce qubit est montré en figure 1.6.

Sa dynamique est décrite par l'Hamiltonien de l' équation (1.18) (calculé dans la section 1.3.2), où les paramètres de fonctionnement [28] sont tels que $C_1 = C_2 = C$, $C_{gb} = C_{gb} = \gamma C$, $C_3 = C_4 = \beta C$, $E_{J2} = E_{J1} = E_J$ et $E_{J4} = E_{J3} = \beta E_J$. En fait, le calcul du spectre d'un tel atome est effectué en détails dans [28], mais nous pouvons en dire quelques mots. Comme le montre la figure 1.10, le potentiel $U(\phi_1, \phi_2)$ présente deux minima à l'intérieur d'une même cellule périodiquement répétée dans l'espace bi-dimensionnel $(\varphi_1, \varphi_2) = \frac{2\pi}{\Phi_0}(\phi_1, \phi_2)$. Sous certaines conditions portant sur les valeurs des paramètres (voir figure 1.10), la barrière entre les deux minima d'une même cellule est très inférieure à celle séparant deux cellules voisines, si bien que l'on retrouve une structure en double-puits où les fonctions d'onde des deux premiers états propres sont des superpositions linéaires de gaussiennes très localisées au fond de chacun de ces deux puits ($E_J/E_C \simeq 80$ dans [28] et $E_J/E_C \simeq 35$ dans [39]). Ayant une valeur d'expectation de ϕ_1 et ϕ_2 non nulle, ces états sont donc comme dans la section précèdente des états de courant persistant ('*persistent current states*'). Leur splitting typique vaut une dizaine de GHz. Par exemple, dans l'article [39], le splitting minimal, qui correspond à une situation où le double puits est symétrique, vaut $3.4\ GHz$. De plus, comme pour le RF SQUID, cet atome sera surtout sensible au bruit de flux [38].

Fluxonium

S'ils ont réussi à s'affranchir des conséquences du bruit de charges résiduelles, en le rendant très petit en comparaison des fluctuations quantiques de charges, les qubits précédents (Delft qubit et RF SQUID), se heurtent au problème du bruit de flux, qui va être une source importante de décohérence. En effet, comme $E_J \gg E_C$, les fonctions d'onde des états propres de basse énergie de ces qubits sont *très localisées en phase* φ , et les fluctuations quantiques associées sont petites devant le bruit de flux extérieur $\delta\Phi_{ext}$, accroissant ainsi d'autant ses méfaits. Les niveaux d'énergie de ces atomes seront alors d'autant plus sensibles à ce bruit que l'énergie de capacité E_C et l'inductance de la boucle L seront petites. Le dernier point se justifie en regardant par exemple la forme de l'Hamiltonien effectif du RF SQUID (cf Eq. (1.30)). Le splitting entre niveaux y vaut $\hbar\omega_{01} = \sqrt{E_\delta^2 + (\zeta\frac{\Phi_0^2}{2L}(\frac{\Phi_{ext}}{\Phi_0} - \frac{1}{2}))^2}$. La variation de $\hbar\omega_{01}$ due à un bruit $\delta\Phi_{ext}$ vaut alors $(\partial\hbar\omega_{01}/\partial\Phi_{ext})\delta\Phi_{ext} = (\zeta\frac{\Phi_0^2}{2L})^2(\frac{\Phi_{ext}}{\Phi_0} - \frac{1}{2})\delta\Phi_{ext}/(\Phi_0\hbar\omega_{01})$. On voit donc

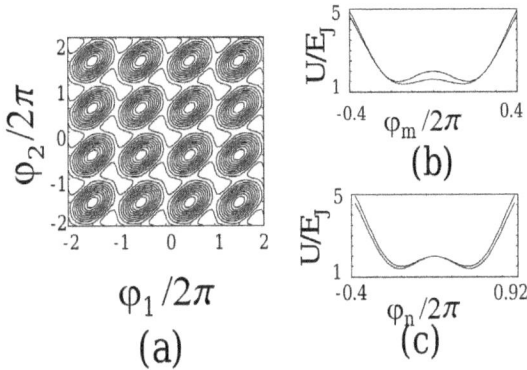

FIGURE 1.10 – a) Potentiel bi-dimensionel de l'Hamiltonien du Delft qubit $U(\varphi_1, \varphi_2) = -E_J\{\cos(\varphi_1) - \cos(\varphi_2) - 2\beta\cos(\frac{\pi}{\Phi_0}f_2)\cos(\varphi_2 - \varphi_1 + \frac{2\pi}{\Phi_0}(f_1 + f_2/2))\}$ où le flux f_2 permet de moduler in-situ le paramètre $2\beta\cos(\frac{\pi}{\Phi_0}f_2)$ dont dépend la hauteur des barrières de potentiel dans $U(\varphi_1, \varphi_2)$. Ici, $2\beta\cos(\frac{\pi}{\Phi_0}f_2) = 0.8$ et $f_1 + f_2/2 = \frac{\pi}{\Phi_0}$. Les deux minima de chaque cellule se trouvent au centre des boucles du motif ayant la forme d'un huit. b)Potentiel le long de l'axe reliant les deux minima, à l'intérieur d'une même cellule en fonction de $\varphi_m = (\varphi_2 - \varphi_1)/2$; c)Potentiel le long de l'axe perpendiculaire à celui reliant les deux minima, à l'intérieur d'une même cellule en fonction de $\varphi_n = (\varphi_2 + \varphi_1)/2$. Pour b) et c), $2\beta\cos(\frac{\pi}{\Phi_0}f_2) = 1$ dans la courbe du haut et $2\beta\cos(\frac{\pi}{\Phi_0}f_2) = 0.8$ dans la courbe du bas. Cela montre l'importance de ce paramètre pour la hauteur des barrières de potentiel. Lorsque $2\beta\cos(\frac{\pi}{\Phi_0}f_2) = 0.8$, la barrière entre les deux puits d'une même cellule est très inférieure à celle entre les minima de deux cellules voisines contrairement au cas $2\beta\cos(\frac{\pi}{\Phi_0}f_2) = 1$ (voire article [28]). *Figure extraite de la référence [28].*

que la sensibilité du splitting entre niveaux est d'autant plus grande que l'inductance de la boucle L est petite. Ceci est d'ailleurs vrai y compris au point de dégénérescence $\frac{\Phi_{ext}}{\Phi_0} = \frac{1}{2}$, car alors la variation $d(\hbar\omega_{01})$ est donnée au deuxième ordre par $d(\hbar\omega_{01}) = (\partial^2\hbar\omega_{01}/\partial\Phi_{ext}^2)(\delta\Phi_{ext})^2/2 = (\zeta\frac{\Phi_0\delta\Phi_{ext}}{2L})^2(1/(2\hbar\omega_{01}))$.

Pour diminuer l'impact du bruit de flux $\delta\Phi_{ext}$, tout en maintenant l'influence du *charge offset noise* à un niveau très bas, il faudrait augmenter l'inductance de la boucle du RF SQUID tout en en diminuant la capacité. Mais cela semble incompatible puisque tout fil de taille finie et d'inductance donnée possède aussi une certaine capacité. La solution, imaginée par Michel Devoret [33], est à la base de la création du *Fluxonium*. Elle repose sur l'emploi d'une chaîne de jonctions Josephson pour former la boucle, comme le montre la figure 1.11. Une telle chaîne permet d'obtenir une inductance jusqu'à 10 000 fois plus grande que l'inductance d'un fil de taille équivalente ($\sim 20\mu m$). Associée à une petite jonction Josephson, ce réseau de grandes jonctions se conduit simplement comme une boucle de très grande inductance, et permet d'obtenir un système décrit par le même Hamiltonien que le RF SQUID (cf Eq. (1.29)), pour peu que soient respectées les conditions détaillées dans [33]. En revanche, la gamme de paramètres E_C, E_J et E_L est très différente de celles du RF SQUID. Par exemple, les paramètres typiques de fonctionnement de [33] donnent $E_J = 8.9\ GHz$, $E_C = 2.4\ GHz$ et $E_L = 0.52\ GHz$. On voit ainsi que le rapport $E_J/E_C \simeq 3.7$ est beaucoup plus faible que pour les qubits précédents, ce qui permet aux fluctuations quantiques de charge dans l'état fondamental $\langle\Delta\hat{n}\rangle$ d'être plus faibles que pour des qubits de flux où l'énergie capacitive est beaucoup plus petite, comme le montre la figure 1.12.

De plus , le rapport $E_J/E_L \simeq 17$ est lui presque un ordre de grandeur plus grand que pour le RF SQUID (où il valait ≈ 2.3). Ce rapport donne alors le nombre typique de minima locaux dans le potentiel. La figure 1.13 montre le potentiel pour deux valeurs du flux $\Phi_{ext} = 0$ et $\Phi_{ext} = \Phi_0/2$. Cette dernière valeur correspond au point de dégénerescence (ou *'sweet spot'*), et les deux états de plus basse énergie sont comme pour les autres qubits de flux, les sommes symétriques et antisymétriques des gaussiennes au fond de chaque puits, qui sont des états de courant persistants. Pour les valeurs de E_J, E_C et E_L mentionnées plus haut, le splitting entre niveaux vaut $350MHz$.

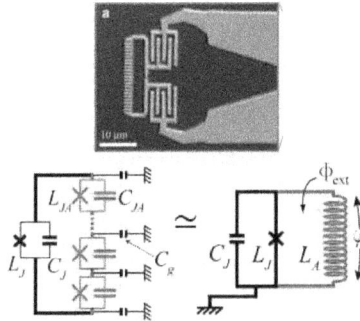

FIGURE 1.11 – En haut : photographie du circuit représentant la boucle faite
d'une petite jonction Josephson faisant face à une chaîne de jonctions Josephson de plus grande surface, orientée verticalement et qui joue le rôle d'une
grande inductance (on voit aussi dans la partie de droite, de part et d'autre
de la petite jonction, deux grandes capacités qui ont la forme de rataux et
qui relient le Fluxonium au résonateur). En bas à gauche, modèle de circuit
équivalent. En noir la petite jonction de capacité C_J et d'inductance Josephson L_J, en violet, la chaîne de N=43 Al/Al oxide/ AL jonctions Josephson de
capacitances C_{JA} et d'inductance L_{JA}. Pour peu que $Ne^{-R_Q/Z_{JA}} \ll e^{-R_Q/Z_J}$,
où $R_Q = \hbar/(2e)^2$ est le quantum de flux, $Z_{JA} = (L_{JA}/C_{JA})^{1/2}$ est l'impédance
de la chaîne et $Z_J = (L_J/C_J)^{1/2}$ celle de la petie jonction, alors on est sûr [33]
qu'il est beaucoup moins probable qu'un saut de phase se produise à travers la
chaîne plutôt qu'à travers la petite jonction. En conséquence, on peut en première approximation modéliser ce circuit par le circuit de droite où le réseau
des 43 jonctions se comportent comme une grande inductance. *Figure extraite
des références [33, 40].*

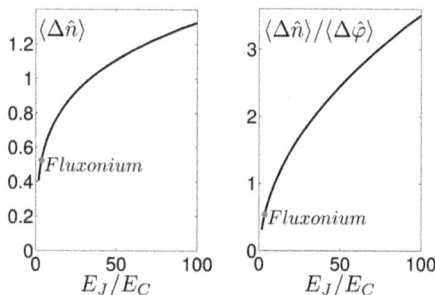

FIGURE 1.12 – A gauche, valeur des fluctuations quantiques de charge $\langle \Delta \hat{n} \rangle = \sqrt{\langle 0 | \hat{n}^2 | 0 \rangle - (\langle 0 | \hat{n} | 0 \rangle)^2}$ sur le fondamental $|0\rangle$ de l'Hamiltonien (1.29) pour $\Phi_{ext} = 0$, $E_J = 8.9~GHz$, $E_L = 0.52~GHz$ en fonction du rapport E_J/E_C. A droite, rapport des fluctuations de charges sur les fluctuations de phase $\langle \Delta \hat{n} \rangle / \langle \Delta \hat{\varphi} \rangle$, toujours pour le fondamental. Plus E_J est grand devant E_C, plus les fluctuations quantiques de charges sont élevées devant celles de phase. Pour le Fluxonium, $E_J/E_C \simeq 3.7$, et $\langle \Delta \hat{n} \rangle / \langle \Delta \hat{\varphi} \rangle \approx 0.5$, ce qui place ce qubit de flux dans le régime de charge !

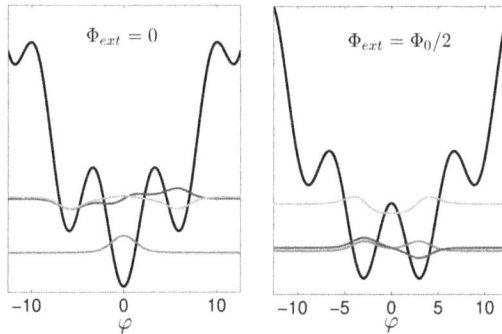

FIGURE 1.13 – Potentiel et fonctions d'onde des trois premiers états propres du Fluxonium pour $E_J = 8.9GHz$, $E_C = 2.4GHz$ et $E_L = 0.52GHz$ et pour $\Phi_{ext} = 0$ (à gauche), et $\Phi_{ext} = \Phi_0/2$ (à droite). Au sweet spot (schéma de droite), les deux premiers états propres sont les combinaisons symétriques et anti-symétriques des gaussiennes au fond de chaque puits, le splitting y vaut à peu près $350MHz$ pour les valeurs de fonctionnement du Fluxonium. Le troisième niveau (en vert) est beaucoup plus haut, et l'on pourra sans risque considérer le Fluxonium comme un système à deux niveaux.

1.4.3   Qubit de phase

Le qubit de phase est constitué d'une jonction Josephson forcée en courant. Son schéma électrique équivalent est donné dans la figure 1.7.c. La loi de conservation du courant donne $I_b = I_0 \sin(\delta) + C\Phi_0 \ddot{\delta}/(2\pi)$ où δ est la phase au borne de la jonction et I_0 son courant critique. Le Lagrangien correspondant peut s'écrire $\mathcal{L}(\delta) = (1/2)C(\Phi_0/(2\pi))^2\dot{\delta}^2 + I_b\delta\Phi_0/(2\pi) + I_0\Phi_0/(2\pi)\cos(\delta)$. Après transformation de Legendre, nous obtenons l'Hamiltonien du qubit de phase :

$$\hat{H} = 4E_C\hat{n}^2 - I_b\frac{\Phi_0}{2\pi}\hat{\delta} - I_0\frac{\Phi_0}{2\pi}\cos(\hat{\delta}), \qquad (1.31)$$

où $E_C = e^2/2C$, et où $\frac{\Phi_0}{2\pi}2e\hat{n} = \hbar\hat{n}$ est le moment conjugué à $\hat{\delta}$, ce qui revient à dire que $[\hat{\delta}, \hat{n}] = i$. Physiquement, $2e\hat{n}$ est l'opérateur continu de charge sur la capacité. Comme pour les qubits de flux, $E_J/E_C \gg 1$, ce qui atténue l'effet des fluctuations statiques de charges résiduelles. Le potentiel

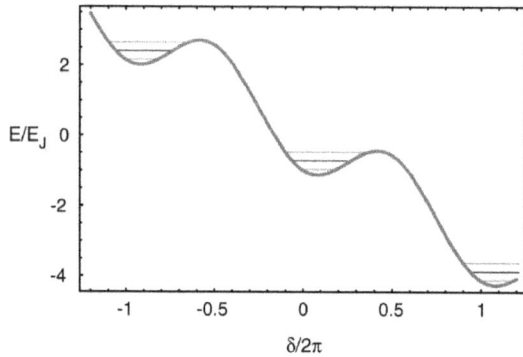

FIGURE 1.14 – Potentiel du qubit de phase $U(\delta) = -I_b\frac{\Phi_0}{2\pi}\delta - I_0\frac{\Phi_0}{2\pi}\cos(\delta)$ dont la pente moyenne et la hauteur des barrières locales de potentiel dépendent de l'intensité du courant délivré par le générateur I_b. *Figure extraite de la référence [23]*.

$U(\delta) = -I_b \frac{\Phi_0}{2\pi}\delta - I_0 \frac{\Phi_0}{2\pi}\cos(\delta)$ est représenté sur la figure 1.14. Pour $I_b < I_0$, le potentiel $U(\delta)$ présente des minima et des maxima locaux. Autour des minima locaux, le potentiel est quasi-harmonique. Si l'on appelle ω_{01} l'écart entre le fondamental local et le premier excité, et ω_{12} celui entre le premier excité et le deuxième excité, du fait de l'anharmonicité $\omega_{01} \neq \omega_{12}$. Cela permettra d'exciter de manière sélective la transition $|0\rangle \to |1\rangle$, et d'utiliser un tel système comme un qubit [34]. La position du minimum local (à 2π près), en lequel $dU(\delta)/d\delta = 0$, est donnée par $\delta_0 = Arcsin(I_b/I_0)$. Autour de ce point, le potentiel vaut à peu près $U(\delta) \approx U(\delta_0) + I_0(\Phi_0/4\pi)\cos(\delta_0)(\delta - \delta_0)^2$. La fréquence d'oscillation classique associée est alors $\omega(I_b) \simeq \sqrt{I_0\Phi_0 cos(\delta_0)8E_C/(2\pi\hbar^2)} = \sqrt{2eI_0/(\hbar C)}(1 - (I_b/I_0)^2)^{1/4}$. Du fait de l'anharmonicité, nous avons plutôt $\omega_{01} \simeq 0.95\omega(I_b)$. Ainsi, on peut contrôler in-situ la fréquence de transition du qubit. De plus, en envoyant des courants sinusoïdaux $I_b(t) = \sin(\omega_{01}t)$, il est possible de produire des rotations $\hat{\sigma}_x$ dans la base $\{|0\rangle, |1\rangle\}$. On obtient ainsi grâce à l'intensité imposée I_b, toutes les opérations à un qubit. En fait, un tel système possède son propre dispositif de lecture de l'état du qubit (ou $|0\rangle$ ou $|1\rangle$). Supposons que l'on a préparé le système de telle sorte qu'il se trouve piégé autour d'un de ces minima locaux. En augmentant I_b, on abaisse la barrière jusqu'à ce que l'énergie de $|1\rangle$ soit très proche du maximum local. Si l'état du qubit est $|0\rangle$, il y restera ; sinon, au bout d'un certain temps, il *tunnelera* au travers de la barrière. Cela se traduit par une brusque augmentation de la phase δ, un peu comme si une particule positionnée en δ_0 se mettait à dévaler la pente du potentiel $U(\delta)$. Si $d\delta/dt$ dépasse un certain seuil, un pic de tension aux bornes de la jonction apparaît : c'est le signal associé à cette mesure d'état du qubit.

Pour résumer, on peut rassembler tous ces atomes artificiels à l'intérieur d'un tableau périodique, en analogie avec la table des éléments de Mendeleev (voir figure 1.15).

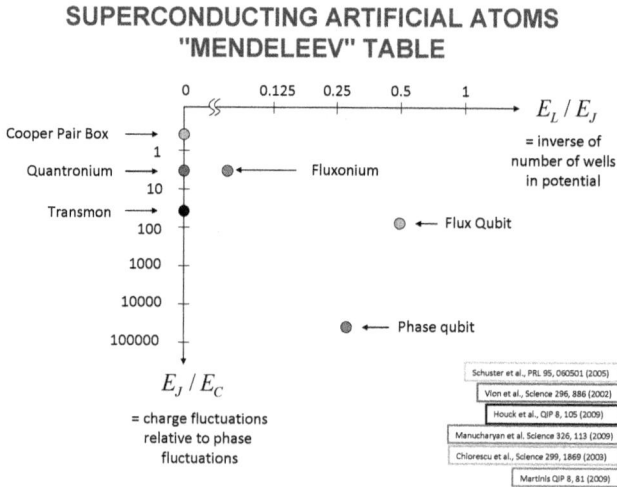

FIGURE 1.15 – Tableau des différents atomes artificiels supraconducteurs en fonction des rapports E_L/E_J et E_J/E_C.

1.5   Les résonateurs micro-ondes à supraconducteurs

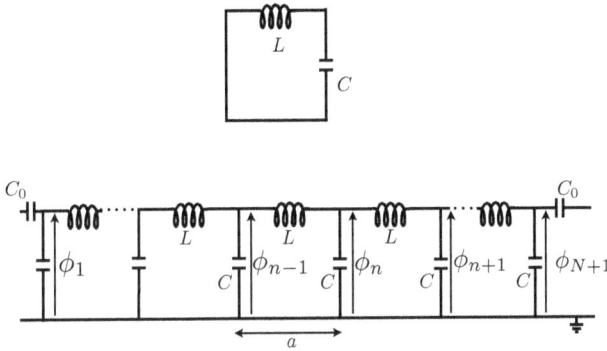

FIGURE 1.16 – En haut, schéma électrique modèlisant le résonateur compacté (*'Lumped-element resonator'*), qui n'est autre qu'un circuit LC. En bas, schéma électrique équivalent à la ligne de transmission : séquence de $N = d/a$ mailles identiques faites d'une inductance $L = al$ et d'une capacité $C = ac$, où d est la longueur du résonateur, a la longueur de la maille élémentaire, l et c, respectivement l'inductance et la capacité par unité de longueur du résonateur. Aux extrémités, deux capacités $C_0 \ll dc$ jouent un rôle analogue aux miroirs d'une cavité Fabry-Pérot.

En électrodynamique quantique en circuit, il existe essentiellement deux types de résonateurs supraconducteurs : les résonateurs *compactés* (*'Lumped-element resonator'*) et les résonateurs *distribués* (*'distributed resonator'*), dont les circuits électriques équivalents sont montrés sur le schéma de la figure 1.16. Dans les premiers, la taille des composants utilisés est nettement plus faible que la longueur d'onde correspondant à la pulsation propre du résonateur ($\omega_r = 1/\sqrt{LC}$), et les champs de courants et de tension y sont spatialement homogènes. Leur spectre énergétique est celui d'un oscillateur harmonique (voir section 1.1). Dans les résonateurs *distribués*, les bandes à transmission supraconductrices sont beaucoup plus longues que larges, et fermées aux bords

par deux capacités, ce qui en fait des sortes de cavités Fabry-Pérot unidi-
mensionelles. Une photo de ce genre de lignes de transmissions est donnée en
figure 1.19. Elles sont constituées d'une bande conductrice centrale avec deux
bandes planes de chaque côté, comme le montre le schéma de la figure 1.20.
L'ensemble fait une trentaine de microns de largeur, et la longueur d typique du
résonateur vaut quelques centimètres ($d \sim 2cm$). Leur fréquence propre ω_r vaut
typiquement quelques GHz. On peut les modéliser par une séquence continue
de circuits LC quantiques, conduisant à la présence de plusieurs modes d'excitation qui sont les multiples entiers du mode propre élémentaire. La longueur
d'onde λ de celui-ci est alors un multiple entier de la longueur du résonateur
($\lambda = d$, $2d$ ou $4d$ selon le modèle de résonateur utilisé). Pour calculer les différents modes propres d'un tel circuit, on peut utiliser la méthode standard
développée en section 1.3. Plaçons l'origine des abscisses au centre du résonateur de longueur d, si bien que ses deux extrémités se trouvent en $-d/2$ et
$d/2$. Choisissons comme set de variables indépendantes les flux de branches le
long des capacités de chaque maille ϕ_n, $n = 1..N+1$ (voir figure 1.16). Conformément au protocole de la section 1.1, le Lagrangien d'un tel circuit s'écrit
$\mathcal{L}(\phi_1, ..\phi_{N+1}, \dot{\phi}_1, ..\dot{\phi}_{N+1}) = (C/2)\dot{\phi}_{N+1}^2 + \sum_{i=1..N}(C/2)\dot{\phi}_i^2 - (\phi_{i+1} - \phi_i)^2/(2L)$
où C (resp. L) est la capacité (resp. l'inductance) dans chaque maille. Le pas-
sage du discret au continu s'effectue d'abord en écrivant $C = ac$ et $L = al$ où
c (resp. l) est la capacité (resp. l'inductance) par unité de longueur, puis en
faisant tendre la taille de chaque maille vers 0 : $a \to 0$. On obtient alors le
Lagrangien continu suivant :

$$\mathcal{L} = \int_{-d/2}^{d/2} \{\frac{c}{2}(\dot{\phi})^2 - \frac{1}{2l}(\partial_x\phi)^2\}dx. \qquad (1.32)$$

Les équations d'Euler-Lagrange associées sont celles d'une onde se propa-
geant à la vitesse $v = 1/\sqrt{lc}$. Les conditions aux bords (nullité du courant
$\partial_x\phi(-d/2) = \partial_x\phi(d/2) = 0$) permettent d'écrire $\phi(x,t)$ sous la forme :

$$\phi(x,t) = \sqrt{\frac{2}{d}}\sum_{k_i}\phi_{k_i}(t)sin(\frac{k_i\pi x}{d}) + \sqrt{\frac{2}{d}}\sum_{k_p}\phi_{k_p}(t)cos(\frac{k_p\pi x}{d}), \qquad (1.33)$$

où les entiers k_p (resp. k_i) sont pairs (resp. impairs). Le Lagrangien $\mathcal{L}$ s'écrit
alors en terme des nouvelles variables $\phi_k(t)$, ($k = k_i, k_p$) :

$$\mathcal{L} = \sum_k \frac{c}{2}(\dot{\phi}_k)^2 - \frac{1}{2l}(\frac{k\pi}{d})^2(\phi_k)^2. \qquad (1.34)$$

C'est le Lagrangien d'une somme d'oscillateurs harmoniques découplés. Le calcul des moments π_k conjugués aux variables ϕ_k : $q_k = c(\dot{\phi}_k)$, la transformation de Legendre, le passage aux variables quantiques, puis l'introduction des opérateurs bosoniques de création et d'annihilation $\hat{a}_k^\dagger$ et $\hat{a}_k$ qui satisfont $[\hat{a}_k, \hat{a}_{k'}^\dagger] = \delta_{k,k'}$ permettent alors d'écrire l'Hamiltonien du résonateur :

$$\mathcal{H} = \sum_k \omega_k(\hat{a}_k^\dagger \hat{a}_k + 1/2) \tag{1.35}$$

où $\omega_k = (k\pi)/(d\sqrt{lc})$ et où :

$$\hat{a}_k = -i\sqrt{\frac{k\pi}{2\hbar d}}\sqrt{\frac{c}{l}}\hat{\phi}_k + \sqrt{\frac{d}{2\hbar k\pi}}\sqrt{\frac{l}{c}}\hat{q}_k \tag{1.36}$$

$$\hat{a}_k^\dagger = i\sqrt{\frac{k\pi}{2\hbar d}}\sqrt{\frac{c}{l}}\hat{\phi}_k + \sqrt{\frac{d}{2\hbar k\pi}}\sqrt{\frac{l}{c}}\hat{q}_k. \tag{1.37}$$

On peut alors réexprimer le champ quantifié des flux en tout point du résonateur $\hat{\phi}(x,t)$ en utilisant les équations (1.33), (1.36) et (1.37) :

$$\hat{\phi}(x,t) = \sum_{k_i} \sqrt{\frac{\hbar}{\omega_{k_i} dc}} sin(\frac{k_i\pi x}{d})i[\hat{a}_{k_i} - \hat{a}_{k_i}^\dagger]$$

$$+ \sum_{k_p} \sqrt{\frac{\hbar}{\omega_{k_p} dc}} cos(\frac{k_p\pi x}{d})i[\hat{a}_{k_p} - \hat{a}_{k_p}^\dagger], \tag{1.38}$$

ainsi que le champ de tensions :

$$\hat{V}(x,t) = \frac{\partial}{\partial t}\hat{\phi}(x,t) = -\sum_{k_i} \sqrt{\frac{\omega_{k_i}\hbar}{dc}} sin(\frac{k_i\pi x}{d})[\hat{a}_{k_i} + \hat{a}_{k_i}^\dagger]$$

$$- \sum_{k_p} \sqrt{\frac{\omega_{k_p}\hbar}{dc}} cos(\frac{k_p\pi x}{d})[\hat{a}_{k_p} + \hat{a}_{k_p}^\dagger]. \tag{1.39}$$

Les champs $\hat{\phi}(x,t)$ et $\hat{V}(x,t)$ correspondent donc aux fluctuations quantiques de flux et de tensions du vide dans le résonateur. Les quanta d'excitations électromagnétiques de ce résonateur sont les *photons*, ils sont confinés dans cette bande de transmission unidimensionnelle, et peuvent '*voyager*' d'une extrêmité à l'autre, après réflexion sur les *miroirs* de la cavité, qui correspondent aux capacités C_0 de la figure 1.16. Le nombre typique d'allers-retours possibles

avant qu'ils ne soient perdus correspond au facteur de qualité Q . Il est donné
par le rapport de la pulsation propre du résonateur $\omega_{cav} = \omega_{k=1} = \pi/(d\sqrt{lc})$
sur le taux de perte photonique κ qui est contrôlé par la taille et la forme
des capacités aux deux extrémités du résonateur. Un tel contrôle est rendu
nécessaire dans les expériences courantes d'information quantique où l'on doit
injecter des photons incidents, et mesurer des photons sortants du résonateur.
Pour les meilleurs résonateurs actuels, le facteur de qualité Q est de l'ordre
du million. Sous certaines conditions détaillées dans la section suivante, ces
photons ont alors la possibilité d'intéragir avec des qubits supraconducteurs
couplés au résonateur.

1.6   Le couplage 'lumière-matière'

1.6.1   l'Electrodynamique quantique en cavité : cavity QED

L'électrodynamique quantique en cavité ('*cavity QED*') est le domaine qui
permet d'étudier l'interaction lumière-matière au niveau quantique [16, 41].
Le modèle le plus simple de cavity QED est constitué d'un système à deux
niveaux interagissant avec un mode photonique du champ d'une cavité.

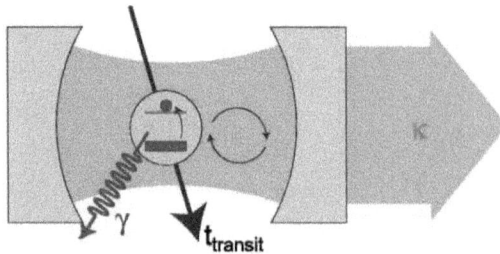

FIGURE 1.17 – Système le plus simple en cavity QED. Un atome à deux niveaux interagit avec les fluctuations électromagnétiques du vide d'une cavité.
L'interaction est quantifiée par la fréquence de Rabi du vide g (en unités de
la fréquence propre de la cavité ω_{cav}). La cavité subit des pertes photoniques
à un taux $\kappa = \omega_{cav}/Q$ où Q est la finesse de la cavité. Le régime de couplage
fort est atteint quand $Qg \geq 1$. *Figure extraite de la référence [15].*

Par exemple, un atome dont l'état physique peut être décrit, en première approximation, par deux états quantiques $\{|g\rangle, |e\rangle\}$ d'énergie différente $E_{|g\rangle} < E_{|e\rangle} = E_{|g\rangle} + \hbar\omega_{eg}$, et placé à l'intérieur d'une cavité dans laquelle deux miroirs supraconducteurs permettent de quantifier le champ électromagnétique du vide, constitue une réalisation physique d'un tel modèle (voir figure 1.17). Un photon effectuant des allers-retours entre les miroirs de cette cavité pourra être absorbé par l'atome dont l'état physique passera alors de l'état fondamental $|g\rangle$ à l'état excité $|e\rangle$. Puis cet atome pourra se désexciter en émettant un photon dans la cavité. La répétition de ce processus prend le nom d'oscillations de Rabi du vide. Le taux auquel les cycles d'absorption et d'émission s'effectue vaut Ω_0 où Ω_0 est appelée fréquence de Rabi du vide et quantifie le couplage lumière-matière. Dans le cas d'une interaction dipolaire électrique, cette constante de couplage est simplement donnée par $\Omega_0 = E_0 d_e/\hbar$, où d_e est le dipôle électrique de la transition (en unité de charges $\times$ distance), et E_0 et le champ électrique fluctuant du vide à l'intérieur de la cavité. On introduit souvent un couplage adimensionné $g = \Omega_0/\omega_{cav}$, et dans un grand nombre d'expériences la pulsation propre de la cavité ω_{cav} est en résonance avec la fréquence de transition atomique $\omega_{eg} = \omega_{cav}$ pour accroître l'interaction. Biensûr, pour qu'une telle répétition d'absorptions et d'émissions demeure, il faut que le temps de vie du photon à l'intérieur de la cavité soit suffisamment long, ce qui se traduit par la condition $\Omega_0 \gg \kappa$ où κ est le taux de perte photonique. Cette condition s'écrit encore $gQ \gg 1$ où Q est le facteur de qualité de la cavité. Il faut aussi que les pertes atomiques non radiatives, qui peuvent par exemple correspondre à une transition vers un autre état atomique $|d\rangle \neq |g\rangle, |e\rangle$, et qui sont quantifiées par un taux de perte γ, soient suffisamment faibles $\Omega_0 \gg \gamma$. Le régime satisfaisant ces conditions est appelé régime de *couplage fort*, par opposition au régime de couplage dit *faible*. Nous verrons par la suite une signature expérimentale directe de ce régime sur le spectre de transmission du système {atome+champ}. Pour atteindre le régime de couplage fort, on peut agir sur deux facteurs : soit augmenter le couplage lumière-matière g, soit diminuer les pertes γ, κ. Le régime de couplage fort a été pour la première fois mis en évidence en observant le spectre de transmission d'une cavité optique traversée par un faisceau d'atomes de Cesium interagissant pendant leur passage avec le mode de photon de la cavité [42]. Une autre approche consiste à utiliser des atomes de *Rydberg*, où la transition atomique active fait intervenir des électrons ayant un très grand rayon orbital. Le dipôle électrique associé sera donc élevé et la fréquence de transition correspondante vaudra $\sim 50GHz$, ce qui situe ces transitions dans le domaine micro-onde. La cavité utilisée consiste alors en une boîte faite de métaux supraconducteurs de quelques centimètres de largeur [43]. Dans ce système, les pertes atomiques sont négligeables devant les pertes photoniques, qui sont elles-mêmes très faibles puisque la cavité utilisée a une finesse $\simeq 10^{-10}$, et la constante adimensionnée g n'a pas besoin d'être plus grande que 10^{-7} pour atteindre le régime de couplage fort. Pour décrire la physique des systèmes dans ce régime, on utilise l'Hamiltonien de Jaynes-Cummings :

$$\hat{H}_{JC}/\hbar = \omega_{cav}(a^\dagger a + \frac{1}{2}) + \frac{\omega_{eg}}{2}(|e\rangle\langle e| - |g\rangle\langle g|) + \Omega_0\{a|e\rangle\langle g| + a^\dagger|g\rangle\langle e|\} \quad (1.40)$$

Un tel Hamiltonien conserve le nombre total d'excitation $\hat{N}_{exc} = a^\dagger a + |e\rangle\langle e|$, et sa diagonalisation donne des états et valeurs propres qu'on peut regrouper en doublets de nombre d'excitation identique (pour $n \geq 1$) :

$$|+, n\rangle = cos(\theta_n)|e\rangle \otimes |n-1\rangle + sin(\theta_n)|g\rangle \otimes |n\rangle \quad (1.41)$$

$$|-, n\rangle = -sin(\theta_n)|e\rangle \otimes |n-1\rangle + cos(\theta_n)|g\rangle \otimes |n\rangle \quad (1.42)$$

$$E_{\pm,n} = n\hbar\omega_{cav} \pm \frac{\hbar}{2}\sqrt{4\Omega_0^2 n + (\omega_{eg} - \omega_{cav})^2} \quad (1.43)$$

où $\theta_n = \frac{1}{2}arctan(2\Omega_0\sqrt{n}/(\omega_{eg} - \omega_{cav}))$, et où $|n\rangle$ est l'état de Fock $|n\rangle = (a^\dagger)^n/\sqrt{n!}|0\rangle$ avec $|0\rangle$ le vide de photon : $a|0\rangle = 0$. Le fondamental $|g\rangle \otimes |0\rangle$ a comme énergie $-(\hbar/2)(\omega_{eg} - \omega_{cav})$.

Ainsi, lorsque la transition atomique est en résonance avec la cavité ($\omega_{eg} = \omega_{cav}$), $\theta_n = \pi/4$, et les états propres sont $|\pm, n\rangle = (1/\sqrt{2})\{\pm|e\rangle \otimes |n-1\rangle + |g\rangle \otimes |n\rangle\}$, séparés par un splitting qui vaut $2g\sqrt{n}$ (en unité de la fréquence de transition), comme le montre la figure 1.18 a. Par une expérience de spectroscopie, où l'on mesure la quantité de photons transmis , on peut alors révéler les fréquences propres du système {atome+champ}, et le dédoublement (i.e le splitting) des niveaux qui est une signature du couplage lumière-matière, comme le montre la figure 1.18 b). Ces succès expérimentaux [16, 42, 43], aussi probants soient-ils dans la démonstration du couplage fort, ne doivent pas masquer les grandes contraintes inhérentes à ces dispositifs. Du fait de la difficulté de maintenir et de contrôler les atomes dans ces cavités, et parce que les constantes de couplage lumière-matière sont naturellement très faibles, ces expérience atteindront sans doute assez vite leur limite et révèlent la nécessité de s'orienter vers d'autres systèmes pour atteindre le régime de couplage fort. En fait, les lignes plates supraconductrices de transmission semblent être des résonateurs naturellement adaptés pour atteindre le régime de couplage

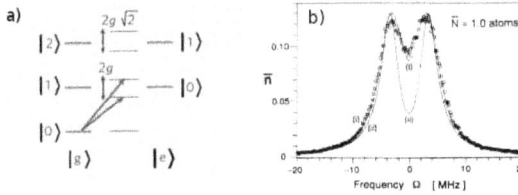

FIGURE 1.18 – a) Structure des états propres de l'Hamiltonien de Jaynes-Cummings à résonance $\omega_{eg} = \omega_{cav}$, où le splitting entre niveaux est donné par $2g\sqrt{n}$, où g constante de couplage lumière matière (en unité de ω_{cav}), et n nombre d'excitations du doublet (voire texte). b) Observation du splitting entre les deux premiers états excités par spectroscopie dans l'expérience [42] : l'écart entre les deux pics vaut $\simeq 2g$ et leur largeur est donnée par le taux de perte photonique $\sim \kappa$: on comprend alors que pour pouvoir observer ce splitting, on doit être en régime de couplage fort $g \geq \kappa$. b) : Figure extraite de la référence [42].

fort, notamment grâce à un meilleur confinement des fluctuations du champ électromagnétique du vide.

1.6.2 l'Electrodynamique quantique en circuit : circuit QED.

Les constantes de couplage lumière-matière sont intrinsèquement limitées en cavity QED, où l'amplitude de l'interaction dipolaire électrique est bornée à la fois par un facteur géométrique lié au volume de la cavité et par la racine de la constante de structure fine $\alpha = e^2/(4\pi\epsilon_0\hbar c) \simeq 1/137$ où e est la charge de l'électron, c la vitesse de la lumière, ϵ_0 la constante de permittivité du vide. On pourrait imaginer une interaction d'une autre nature, comme par exemple un couplage spin-champ magnétique $\vec{\mu}_B.\vec{B}$, mais celle-ci est encore plus faible du fait de l'extrême petitesse du magneton de Bohr $\vec{\mu}_B$ [44]. Dans le cas dipolaire électrique, un calcul simple [45, 46] donne $g = \Omega_0/\omega_{cav} = d_eE_0/(\hbar\omega_{cav}) \sim eLE_0/(\hbar\omega_{cav})$ où L est l'orbite typique de l'électron impliqué dans la transition et E_0 est le champ électrique du vide dans la cavité. Pour en avoir un ordre de grandeur, on peut écrire que l'énergie électromagnétique du vide, qui vaut

$\hbar\omega_{cav}/2$ se partage de manière égale entre une énergie magnétique $VB_0^2/(2\mu_0)$ et une énergie électrique $V\epsilon_0 E_0^2/(2)$ où V est le volume de la cavité. On obtient alors $g \sim \sqrt{\frac{e^2 L^2}{2\hbar\omega_{cav}V\epsilon_0}}$ qui varie donc comme l'inverse de la racine du volume de la cavité. En fait, le volume des boîtes tri-dimensionnelles des expériences de cavity QED usuelles [16, 42, 43], fait plusieurs λ^3, où $\lambda = 2\pi c/\omega_{cav}$ est la longueur d'onde propre de la cavité. Mais en circuit QED, les lignes de transmission supraconductrices 1D utilisées comme résonateur (voire la partie supérieure de la figure 1.19, pour une photo et voir figure 1.20 pour le schéma équivalent) ont deux dimensions transverses très faibles devant leur longueur d qui est donnée par la moitié de la longueur d'onde du mode $d = \lambda/2$.

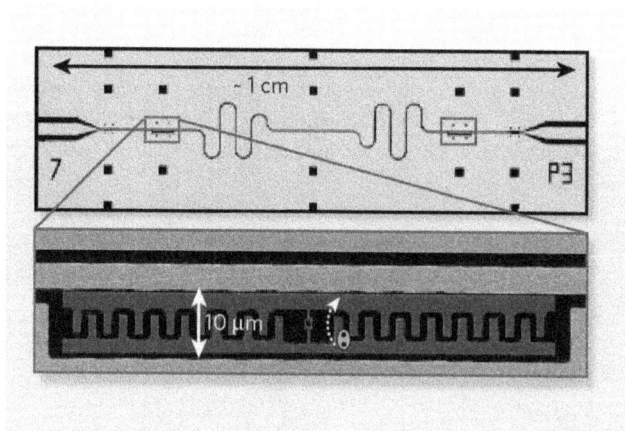

FIGURE 1.19 – Image du dispositif de circuit QED utilisé pour atteindre le couplage fort. Une ligne de transmission supraconductrice faite en niobium avec deux qubits de charge (encadrés en vert) à ses extrémités, c'est-à-dire aux endroits qui maximisent sa tension (voir Eq. (1.39)). Le zoom montre un de ces qubits de charge : une Boîte à paires de Cooper composée de deux îles en Aluminium connectée par une petite jonction Josephson. Comme le montre le schéma, la transition électronique fait passer une paire d'électrons de bas en haut, c'est-à-dire de l'armature du bas (reliée au réservoir) à l'armature du haut de la capacité. *Figure extraite de la référence [45].*

Dans le cas d'un cable coaxial cylindrique de rayon r, le volume est alors donné par $V = \pi r^2 \lambda/2 \ll \lambda^3$. Les fluctuations électriques du champ du vide sont donc potentiellement beaucoup plus grandes, étant plus confinées, dans des résonateurs supraconducteurs 1D que dans les cavités tridimensionnelles utilisées dans la cavity QED avec des atomes réels.

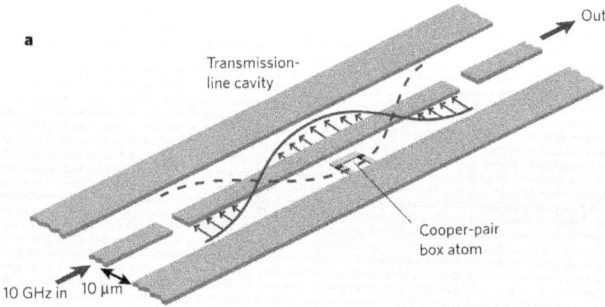

FIGURE 1.20 – Schéma de la ligne de transmission supraconductrice qui est le résonateur typique dans les expériences de circuit QED. Longue de quelques centimètres, large de quelques dizaines de microns, sa fréquence propre vaut une dizaine de GHz. A ses extrémités, deux espaces intersticiels qui forment des capacités séparant le résonateur de l'extérieur. On les contrôle pour pouvoir injecter des photons à l'intérieur de la cavité, ou les récolter en sortie. Un qubit de charge (en vert) est connecté par une capacité au milieu du résonateur ; comme le premier mode de tension y est nul (voir Eq. (1.39)), le qubit est couplé au deuxième mode de tension dessiné en violet. *Figure extraite de la référence [45]*.

Pour revenir au calcul précédent, le couplage (normalisé à la fréquence de transition) dans un résonateur supraconducteur 1D vaut alors :

$$g \sim \frac{L}{r} \sqrt{\frac{e^2}{2\hbar\pi^2 c\epsilon_0}} = \frac{L}{r} \sqrt{\frac{2\alpha}{\pi}}. \tag{1.44}$$

Le facteur géométrique L/r egal au rapport de la distance typique de déplacement des charges dans la transition électronique sur la largeur du résonateur peut même tendre vers 1 car les paires de Cooper de l'atome artificiel doivent voyager de la bande centrale du résonateur vers le réservoir (bande latérale), comme le montre la partie inférieure de la figure 1.19. Le couplage lumière-matière adimensionné en circuit QED peut donc potentiellement atteindre quelques pourcents, contrairement à la cavity QED où de très petits atomes dans de très grandes boîtes 3D ne permettent pas d'obtenir un couplage supérieur à 10^{-6}. Il est possible de donner une description précise des types de couplage possible entre un atome artificiel supraconducteur et les photons d'un résonateur auquel il est couplé. Il en existe essentiellement deux familles : le couplage *capacitif* et le couplage *inductif*. Pour réaliser le premier, une capacité connecte la bande centrale d'une ligne de transmission et l'île supraconducteur d'un qubit de charge relié à la masse (voir figure 1.20 et figure 1.22 a).

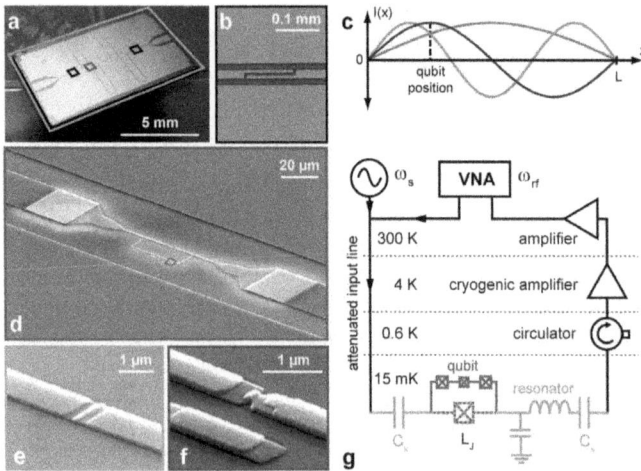

FIGURE 1.21 – Photographie et schéma d'un dispositif où l'on couple un atome de flux (*Delft qubit*) à une ligne de transmission de manière inductive. On voit dans le cadre orange (photographies d) et e)) et sur le schéma g) que le qubit de flux et le résonateur partagent une jonction Josephson d'inductance L_j. *Figure extraite de la référence [18].*

Pour le couplage *inductif*, le qubit est directement intégré à la bande centrale de la ligne de transmission (cf figure 1.21 et figure 1.22 b)), et est traversé par une fraction de son courant. On pourra régler cette fraction grâce à un diviseur de courant reposant sur l'emploi de plusieurs inductances (voir chapitre 3). Ces deux types de couplages sont caractérisés par des amplitudes d'interaction très différentes.

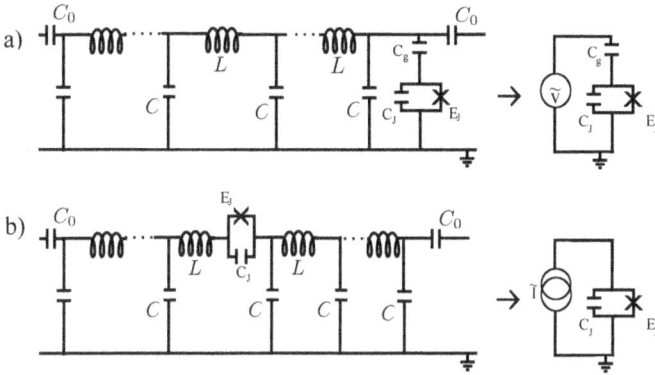

FIGURE 1.22 – a) Un qubit de charge fait d'une jonction Josephson d'énergie E_J, en parallèle d'une capacité C_J, couplé par une capacité C_g au champ de tension d'un résonateur. b) couplage inductif : le même qubit est cette fois-ci directement intégré le long de la ligne de transmission et est traversé par son courant. D'autres variantes du couplage inductif font usage d'inductances linéaires ou Josephson (voir figure 1.21), qu'on peut même brancher de telle sorte que l'on fabrique un diviseur de courant afin de moduler le couplage *in-situ*, comme on le verra dans un chapitre ultérieur.

Imaginons que l'on couple par exemple un qubit de charge à une des extrémités d'un résonateur, par le biais d'une capacité C_g, comme sur la figure 1.22 a). Le qubit va alors *subir* le champ de tension $\hat{V}$ imposé par les fluctuations quantiques du vide et dont l'expression est donnée en Eq. (1.39). Du point de vue du qubit, tout se passe ainsi comme s'il était soumis à une tension de porte $U_g = \hat{V}$, excatement comme dans la situation évoquée dans la section 1.4.1. On note qu'au point du couplage, les fonctions d'onde des modes pairs sont nulles, et en négligeant les modes de fréquence supérieure ou égale à 3 fois la pulsation propre du résonateur $\omega_{cav} = \omega_{k=1} = \pi/(d\sqrt{lc})$, on pourra raisonablement écrire que le champ *senti* par le qubit est donné par le premier mode

$\hat{V}(x = d/2, t) \simeq \tilde{V} = -\sqrt{\frac{\hbar\omega_{cav}}{dc}}(\hat{a}+\hat{a}^\dagger)$. L'interaction entre le qubit et le champ est alors décrite par l'Hamiltonien (1.19) : $\hat{H} = 4E_C(\hat{n} - \hat{n}_{ext})^2 - E_J cos(\hat{\delta})$[3] où $\hat{n}_{ext} = C_g\tilde{V}/(2e)$ (voire section 1.4.1) est la charge '*injectée*' par le résonateur sur l'île supraconductrice du qubit [15]. On voit alors que le terme d'interaction entre le qubit couplé capacitivement et le résonateur est :

$$\hat{H}_{coupl} = 8E_C\sqrt{\frac{\hbar\omega_{cav}}{dc}}\frac{C_g}{2e}(\hat{a} + \hat{a}^\dagger)\hat{n}. \tag{1.45}$$

Nous ferons dans un chapitre ultérieur une dérivation de l'Hamiltonien du circuit complet comprenant une chaîne d'atomes de charges couplés capacitivement à un résonateur modélisé par une série de capacités et d'inductances, et nous retrouverons un terme de couplage analogue. Nous pouvons d'ores et déjà quantifié le couplage précédent, par exemple dans le cas du Transmon où le *dipôle* entre les niveaux est donné par $\hat{n} = (1/\sqrt{2})[E_J/(8E_C)]^{1/4}(b + b^\dagger)$ où b et $b^\dagger$ sont les opérateurs d'annihilation et de création des quanta d'excitation du Transmon qui se conduit, rappelons-le, approximativement comme un oscillateur harmonique (cf Eq. (1.25)). Le couplage adimensionné à résonance vaut alors :

$$g \simeq \frac{8E_C}{\sqrt{2}}[\frac{E_J}{8E_C}]^{1/4}\sqrt{\frac{1}{dc\hbar\omega_{cav}}}\frac{C_g}{2e} = 2\frac{C_g}{C_g + C_J}[\frac{E_J}{8E_C}]^{1/4}\sqrt{\frac{2Z\alpha}{Z_{vac}}}. \tag{1.46}$$

où $Z = \sqrt{l/c}$ est l'impédance du résonateur, et où $Z_{vac} = 1/(C\epsilon_0)$, *l'impédance du vide*, est reliée à la constante de structure fine par $\alpha = Z_{vac}/(2R_K)$, avec $R_K = h/e^2$, *l'impédance quantique*. Ce résultat est en accord avec le calcul d'ordre de grandeur précédent, et donne $g \simeq \beta(E_J/(8E_C))^{1/4} \times 9\%$ pour une impédance $Z = 50\Omega$, avec β le rapport des capacités : $\beta = C_g/(C_g + C_J)$. Dans les expériences récentes, g atteint quelques pourcents (2.5 % rapportés dans [45]). Pour le cas de la Boîte à paires de Cooper, le rapport β est à peu près trois fois plus faible que pour le Transmon, pour des raisons technologiques [47], tout comme le préfacteur $(E_J/(8E_C))^{1/4}$, qui est lié à l'élément de matrice du *dipôle* $\hat{n}$, ce qui rend le couplage adimensionné de la Boîte à paires de Cooper à peu près dix fois plus petit que celui du Transmon (donc autour de 0.1%). Pour des résonateurs ayant un facteur de qualité supérieur ou égal à 10^4, le régime de couplage fort est donc largement atteint grâce au couplage

---

3. les esprits aiguisés se souviennent que pour obtenir la forme de l'Hamiltonien (1.19), nous avions retiré la constante $-C_gU_g^2/2$ qui provenait de la transformation de Legendre. Ici, on devrait donc rajouter un terme $-C_g\hat{V}^2/2$...

capacitif en circuit QED.

En fait, il est même possible de faire beaucoup mieux, en utilisant un couplage *inductif*. Pour montrer l'impact de la nature du couplage sur l'amplitude d'interaction lumière-matière, choisissons de coupler le même atome, i.e, le Transmon, mais c'est fois directement au travers de la ligne de transmission, comme montré en figure 1.22. b). Le qubit subit alors le courant des fluctuations quantiques du vide dans le résonateur : $\hat{I} = \frac{1}{l}\frac{\partial\hat{\phi}}{\partial x}$ où l est l'inductance par unité de longueur et $\hat{\phi}$ est le champ de flux du résonateur dont l'expression est donnée en Eq. (1.38). Nous ferons dans un chapitre ultérieur une dérivation de l'Hamiltonien du circuit complet {résonateur+qubits}, mais nous pouvons évaluer ici l'amplitude de ce couplage en considérant que du point de vue du qubit, tout se passe comme s'il était soumis à un courant imposé par le générateur, (voir figure 1.22. b)). L'Hamiltonien correspondant est donc formellement celui d'un qubit de phase (voir Eq. (1.31)), ce qui donne lieu à un terme d'interaction atome-champ :

$$\hat{H}_{coupl} = -\hat{I}\frac{\Phi_0}{2\pi}\hat{\delta} = -\frac{1}{l}\frac{\partial\hat{\phi}}{\partial x}\frac{\Phi_0}{2\pi}\hat{\delta} \simeq -\tilde{I}\frac{\Phi_0}{2\pi}\hat{\delta}$$
$$= \frac{\pi}{dl}\sqrt{\frac{\hbar}{dc\omega_{cav}}}\frac{\Phi_0}{2\pi}\frac{1}{\sqrt{2}}\left[\frac{8E_C}{E_J}\right]^{1/4}(\hat{a}-\hat{a}^\dagger)(b-b^\dagger) \qquad (1.47)$$

où nous avons approximé le courant au centre du résonateur $\hat{I}(x=0,t)$ par $\tilde{I} = \frac{\pi}{dl}\sqrt{\frac{\hbar}{dc\omega_{cav}}}i(\hat{a}-\hat{a}^\dagger)$, négligeant, comme précédemment les modes de fréquence au moins trois fois supérieure à la fréquence propre de la cavité, et où nous avons utilisé l'Eq. (1.25) pour exprimer $\hat{\delta}$ en fonction des opérateurs b et $b^\dagger$. Le couplage adimensionné à résonance dans le cas inductif est alors donné par :

$$g \simeq \frac{1}{4\pi}\left[\frac{8E_C}{E_J}\right]^{1/4}\sqrt{\frac{Z_{vac}}{2Z\alpha}} \qquad (1.48)$$

où l'on voit que la constante de structure fine apparaît maintenant en $\alpha^{-1/2}$. A résonance, le couplage peut alors atteindre plusieurs unités de la fréquence de la transition atomique. Le système entre alors dans un régime inédit, appelé régime de couplage *ultrafort* [17, 48] où les états propres du système couplé ont une forme radicalement différente de celle qui prévaut en régime de couplage fort.

1.6.3   Les régimes de couplage lumière-matière.

Pour comprendre l'importance de l'amplitude de la constante d'interaction Ω_0 sur la forme des états propres, revenons un instant sur l'Hamiltonien de Jaynes-Cummings $\hat{H}_{JC}$ qui décrit le couplage lumière-matière en Eq. (1.40). La partie d'interaction dans cet Hamiltonien ne comprend pas de termes du type $\Omega_0 \hat{a}|g\rangle\langle e|$ et $\Omega_0 \hat{a}^\dagger|e\rangle\langle g|$, alors même que leur existence serait microscopiquement justifiée. En effet, ces termes sont présents par exemple dans les Hamiltoniens de couplage (Eqs. (1.45) et (1.47)) calculés dans la section précédente à partir des règles de dérivation microscopique des circuits, mais aussi dans l' Hamiltonien de couplage dipolaire électrique que l'on peut mettre sous la forme :

$$\hat{H}_{coupl} = d_{el}E_0/\hbar \propto \Omega_0(|e\rangle\langle g| + |g\rangle\langle e|)(\hat{a} + \hat{a}^\dagger). \qquad (1.49)$$

Ces termes appelés *anti-résonants* annihilent ou créent en même temps une excitation photonique et une excitation électronique. Ils ne conservent donc pas le nombre total d'excitation $\hat{N}_{exc} = a^\dagger a + |e\rangle\langle e|$. On ne peut les négliger dans le cadre de *l'approximation de l'onde tournante*, que si $\Omega_0/\omega_{eg} \ll 1$.

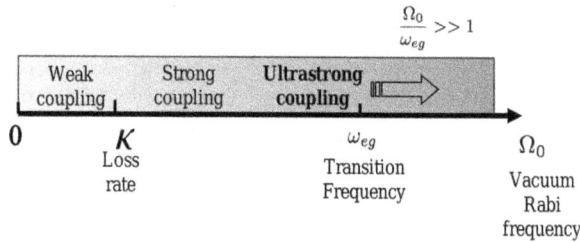

FIGURE 1.23 – Plusieurs régimes de couplage lumière-matière se distinguent à résonance ($\omega_{eg} = \omega_{cav}$), selon la valeur relative de la fréquence de Rabi du vide Ω_0. Pour un couplage inférieur au taux de perte photonique, i.e. $\Omega_0 \leq \kappa$, on est en régime de couplage faible ; quand $\Omega_0 \geq \kappa$, on rentre en régime de couplage fort. Quand la fréquence de Rabi du vide devient une fraction significative de la fréquence de transition atomique, on passe en régime de couplage ultrafort [17, 48] où les termes antirésonants (voir texte) ne peuvent plus être négligés et conduisent à la présence de photons virtuels dans le fondamental.

Pour le prouver, considérons les termes anti-résonants comme une perturbation à ajouter à $\hat{H}_{JC}$ pour obtenir l'Hamiltonien d'interaction entre un système à deux niveaux et un oscillateur harmonique :

$$\hat{H}/\hbar = \omega_{cav}(a^\dagger a + \frac{1}{2}) + \frac{\omega_{eg}}{2}(|e\rangle\langle e| - |g\rangle\langle g|) + \Omega_0(\hat{a} + \hat{a}^\dagger)(|e\rangle\langle g| + |g\rangle\langle e|)$$
$$= \hat{H}_{JC}/\hbar + \Omega_0\{a|g\rangle\langle e| + a^\dagger|e\rangle\langle g|\}$$

$$(1.50)$$

En utilisant la théorie des perturbations au premier ordre, on peut voir que le recouvrement de $|G\rangle$, le fondamental de $\hat{H}$, sur $|e\rangle \otimes |1\rangle$ est proportionnel à Ω_0/ω_{eg} . Ainsi, $|G\rangle$ deviendra significativement différent de $|g\rangle \otimes |0\rangle$, le vide de $\hat{H}_{JC}$, uniquement si la fréquence de Rabi du vide Ω_0 est une fraction importante de ω_{eg}. Dans un tel cas de figure, le vide $|G\rangle$ aura un recouvrement d'autant plus important sur les états à plusieurs quanta d'excitations (photoniques et électroniques), que Ω_0/ω_{eg} sera grand. Il contiendra alors un nombre non nul de photons virtuels [49] : $\langle G|\hat{a}^\dagger\hat{a}|G\rangle > 0$. On calculera une expression précise de $|G\rangle$ à résonance, dans la limite $\Omega_0/\omega_{eg} \gg 1$. Le régime associé à cette gamme de paramètres prend le nom de régime de couplage ultrafort (voir figure 1.23). Il a été récemment observé en circuit QED dans deux expériences utilisant un qubit de flux (*Delft qubit*) couplé inductivement à un résonateur. Dans la première expérience [18], où le résonateur était distribué, la valeur du couplage adimensionné atteignait 12%, et dans la seconde [19] qui employait un résonateur compacté (*lumped element*), le couplage adimensionné maximal était de 5%.

Un autre moyen d'obtenir une grande interaction lumière-matière afin d'explorer le régime de couplage ultrafort est d'utiliser un grand nombre de qubits couplés au même mode de cavité. En effet, comme on le démontrera dans le chapitre suivant, la fréquence de Rabi du vide s'en trouve alors augmentée d'un facteur $\sqrt{N}$, où N est le nombre d'atomes couplés. Cette augmentation du couplage avec le nombre d'atomes a été observée dans une expérience utilisant jusqu'à trois Transmons couplés capacitivement au même résonateur [50]. Certes, le régime de couplage ultrafort n'était pas atteint dans cette expérience, mais celle-ci prouve en tout cas la possibilité d'accroître le couplage lumière-matière en augmentant le nombre d'atomes couplés (voir figure 1.24).

Dans les chapitres suivants, nous explorerons les propriétés physiques en circuit QED du régime de couplage ultrafort. Nous étudierons l'interaction d'un nombre arbitraire d'atomes Josephson avec les modes d'un résonateur,

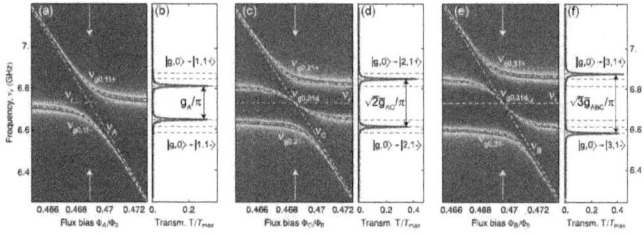

FIGURE 1.24 – De gauche à droite : splittings observés pour 1, 2 et 3 Transmons couplés capacitivement au même mode de tension d'un résonateur. Le
splitting augmente comme la racine du nombre d'atomes artificiels couplés.
Figure extraite de [50].

tantôt en couplage capacitif, tantôt en couplage inductif, et nous soulignerons
chaque fois que possible les similitudes et différences avec la cavity QED.

Chapitre 2

Transitions de phase quantique dans les modèles spin-boson : du modèle de Dicke au modèle de Hopfield

On introduit ici le modèle de Dicke qui décrit l'interaction de plusieurs systèmes à deux niveaux avec le même mode bosonique. Dans la limite thermodynamique où le nombre de systèmes à deux niveaux tend vers l'infini, ce modèle présente une transition de phase quantique pour une valeur critique du couplage lumière-matière. On montre alors que l'existence de ce point critique dépend de l'amplitude d'un terme diamagnétique $\mathbf{A^2}$, absent du modèle de Dicke mais dont l'existence est microscopiquement liée à la nature du couplage physique. Ainsi, pour l'interaction dipolaire électrique en cavity QED, et sous certaines hypothèses, ce terme empêche la transition de phase. Une telle impossibilité sera démontrée dans le cadre d'un *théorème no-go*. On prouvera que la transition de phase quantique superradiante est en revanche possible en circuit QED en présentant un modèle de chaines de Boîtes à paires de Cooper couplées capacitivement à la tension quantique d'un résonateur. On discutera alors de l'origine physique des différences entre le système de cavity QED et le système de circuit QED.

Ce chapitre reprend les résultats publiés dans l'article [51].

2.1 Le modèle de Dicke

L'Hamiltonien de Dicke [20] décrit l'interaction de N systèmes à deux ni-
veaux $\{|g\rangle_j, |e\rangle_j\}$, (j=1..N) avec M modes bosoniques d'une cavité. Chaque
atome, indicé par j, peut occuper tantôt l'état fondamental $|g\rangle_j$, tantôt l'état
excité $|e\rangle_j$ d'énergie $E_{|e\rangle_j} = E_{|g\rangle_j} + \hbar\omega_{eg}^j$. La transition entre les deux niveaux de
chaque atome est excitée par les mêmes modes bosoniques. Les atomes n'inter-
agissent donc pas directement entre eux mais par l'intermédiaire des photons
de la cavité. L'Hamiltonien considéré s'écrit :

$$\hat{H}/\hbar = \sum_{k=1}^{M} \omega_k \hat{a}_k^\dagger \hat{a}_k + \sum_{j=1}^{N} \frac{\omega_{eg}^j}{2}(|e\rangle_j\langle e|_j - |g\rangle_j\langle g|_j)$$

$$+ \sum_{k=1}^{M}\sum_{j=1}^{N} \frac{\Omega_k^j}{\sqrt{N}}(\hat{a}_k + \hat{a}_k^\dagger)(|e\rangle_j\langle g|_j + |g\rangle_j\langle e|_j) \qquad (2.1)$$

où ω_k est la fréquence du k^{ieme} mode bosonique, et où $\Omega_k^j/\sqrt{N}$ est l'intensité
d'interaction entre l'atome j et le mode k. La présence de $\sqrt{N}$ au dénominateur
nous apparaîtra plus transparente un peu plus tard, mais pour l'instant rien ne
nous empêche de définir les amplitudes de couplage comme cela. On remarque
qu'un tel modèle inclut les termes anti-résonants $\hat{a}_k^\dagger|e\rangle_j\langle g|_j + \hat{a}_k|g\rangle_j\langle e|_j$ qui
créent ou détruisent deux excitations en même temps. Le modèle équivalent
sans les termes anti-résonants s'appelle modèle de Tavis-Cummings[52], mais
nous avons vu au chapitre précédent qu'il était inadapté en régime de couplage
ultrafort où les constantes de couplage Ω_k^j deviennent proches des fréquences
de transition ω_{eg}^j. Puisque chaque atome est un système à deux niveaux, il est
commode d'introduire les opérateurs de montée et de descente $\hat{\sigma}_+^j = |e\rangle_j\langle g|_j$
et $\hat{\sigma}_-^j = (\hat{\sigma}_+^j)^\dagger = |g\rangle_j\langle e|_j$, et d'utiliser les opérateurs spinoriels :

$$\hat{\sigma}_x^j = \frac{1}{2}\{|e\rangle_j\langle g|_j + |g\rangle_j\langle e|_j\} = \frac{1}{2}\{\hat{\sigma}_+^j + \hat{\sigma}_-^j\} \qquad (2.2)$$

$$\hat{\sigma}_y^j = \frac{i}{2}\{|g\rangle_j\langle e|_j - |e\rangle_j\langle g|_j\} = \frac{i}{2}\{\hat{\sigma}_-^j - \hat{\sigma}_+^j\} \qquad (2.3)$$

$$\hat{\sigma}_z^j = \frac{1}{2}\{|e\rangle_j\langle e|_j - |g\rangle_j\langle g|_j\} = \frac{1}{2}\{\hat{\sigma}_+^j\hat{\sigma}_-^j - \hat{\sigma}_-^j\hat{\sigma}_+^j\}. \qquad (2.4)$$

En particulier, les relations de commutation de l'algèbre des spins 1/2 donnent
$[\hat{\sigma}_+^j, \hat{\sigma}_-^j] = 2\hat{\sigma}_z^j$ et $[\hat{\sigma}_z^j, \hat{\sigma}_\pm^j] = \pm\hat{\sigma}_\pm^j$ $\forall j = 1..N$.

Nous nous attarderons dans ce chapitre sur le cas le plus simple : un seul
mode de cavité ($M = 1$), des atomes identiques et un couplage uniforme

$\omega_{eg}^j = \omega_{eg}$ et $\Omega_k^j = \Omega_0$ $\forall j = 1...N$. Nous verrons dans un chapitre ultérieur que beaucoup des propriétés physiques de cette situation idéale se retrouvent dans le cas d'un système avec plusieurs modes et un couplage non uniforme. L'Hamiltonien devient alors :

$$\hat{H}/\hbar = \omega \hat{a}^\dagger \hat{a} + \sum_{j=1}^{N} \omega_{eg} \hat{\sigma}_z^j + \sum_{j=1}^{N} \frac{\Omega_0}{\sqrt{N}} (\hat{a} + \hat{a}^\dagger)(\hat{\sigma}_+^j + \hat{\sigma}_-^j) \tag{2.5}$$

où pour chaque atome, la *direction* du 'dipôle' apparaissant dans l'Hamiltonien de couplage $\hat{\sigma}_x^j = \frac{1}{2}(\hat{\sigma}_+^j + \hat{\sigma}_-^j)$ est perpendiculaire à la *direction* de l'Hamiltonien atomique $\omega_{eg}\hat{\sigma}_z^j$, au sens des matrices de Pauli. Cette condition aura une grande incidence sur la forme du spectre d'énegie pour de grandes valeurs du quotient Ω_0/ω_{eg}, comme nous le verrons dans la section 2.3 de ce chapitre.

Nous voyons que chaque pseudo-spin 1/2 intervient de la même manière dans l'Hamiltonien précédent, et il est tout indiqué d'additionner ces moments cinétiques et de changer de représentation. Plutôt que de décrire les 2^N états physiques des N systèmes à deux niveaux par le produit tensoriel $\otimes \prod_{j=1}^{N} |\Psi_j\rangle$ où $|\Psi_j\rangle \in \{|g\rangle_j, |e\rangle_j\}$, $\forall j = 1..N$, introduisons les opérateurs collectifs de moments cinétiques définis par :

$$\hat{J}_z = \sum_{j=1}^{N} \hat{\sigma}_z^j \, ; \quad \hat{J}_\pm = \sum_{j=1}^{N} \hat{\sigma}_\pm^j \tag{2.6}$$

qui obéissent aux relations de commutations angulaires :

$$[\hat{J}_z, \hat{J}_\pm] = \pm \hat{J}_\pm \quad ; \quad [\hat{J}_+, \hat{J}_-] = 2\hat{J}_z. \tag{2.7}$$

En utilisant ces opérateurs, on peut représenter l'espace de Hilbert des N systèmes à deux niveaux par les états qu'on appelle *états de Dicke*. Ils ne sont rien d'autres que les états propres de $\hat{J}_z$ et de $\hat{\mathbf{J}}^2 = J_z^2 + J_y^2 + J_x^2 = J_z^2 + \frac{1}{2}(\hat{J}_+\hat{J}_- + \hat{J}_-\hat{J}_+)$. On les écrit $\{|j,m\rangle, m = -j, -j+1, ..., j\}$, et ils vérifient $\hat{J}_z|j,m\rangle = m|j,m\rangle$, $\hat{\mathbf{J}}^2|j,m\rangle = j(j+1)|j,m\rangle$ et $\hat{J}_\pm|j,m\rangle = \sqrt{j(j+1) - m(m \pm 1)}|j, m \pm 1\rangle$.

Le nombre j peut prendre les valeurs $1/2, 3/2, ..N/2$ si N est impair et $0, 1, ..N/2$ si N est pair. Il est associé à la valeur propre de $\hat{\mathbf{J}}^2$, et définit un secteur de l'espace de Hilbert dans lequel la somme des N spins 1/2 donne un spin dont le carré de la *norme* est $j(j+1)$ et dont la *projection* sur l'axe z est égale à m où $-j \leq m \leq j$. Par exemple, si l'on a deux atomes ($N = 2$), il y a un secteur correspondant à la valeur $j = 1$ et un secteur correspondant à la valeur $j = 0$. Dans le premier, les états de Dicke sont donnés par : $|1, -1\rangle = |g\rangle_1 \otimes |g\rangle_2$, $|1, 0\rangle = (1/\sqrt{2})\{|g\rangle_1 \otimes |e\rangle_2 + |e\rangle_1 \otimes |g\rangle_2\}$, et $|1, 1\rangle = |e\rangle_1 \otimes |e\rangle_2$, et dans le second secteur, le singulet est $|0, 0\rangle = (1/\sqrt{2})\{|g\rangle_1 \otimes |e\rangle_2 - |e\rangle_1 \otimes |g\rangle_2\}$. Avec ces opérateurs collectifs, l'Hamiltonien monomode et uniforme de Dicke devient :

$$\hat{H}_{Dicke}/\hbar = \omega\hat{a}^\dagger\hat{a} + \omega_{eg}\hat{J}_z + \frac{\Omega_0}{\sqrt{N}}(\hat{a} + \hat{a}^\dagger)(\hat{J}_+ + \hat{J}_-) \qquad (2.8)$$

dont on voit qu'il ne mélange pas les secteurs correspondant à des j différents. Il se trouve que le fondamental de cet Hamiltonien appartient au secteur de taille de pseudospin maximale, i.e. $j = N/2$ [1]. On a donc réduit la complexité du problème puisque nous sommes passés de l'étude d'un mode bosonique interagissant avec N systèmes à deux niveaux, à l'étude d'un mode bosonique couplé à un unique grand spin décrit par $N + 1$ états $|N/2, m\rangle$ ($m = -N/2, -N/2 + 1, ..., N/2$). Bornons-nous donc à l'étude de l'Hamiltonien de Dicke dans ce secteur et intéressons-nous maintenant aux symétries de ce modèle.

Si l'on avait eu à manipuler l'Hamiltonien de Tavis-Cumming qui s'écrit, avec les notations précédentes, et dans le cas monomode uniforme, $\hat{H}_{TC}/\hbar = \omega\hat{a}^\dagger\hat{a} + \omega_{eg}\hat{J}_z + \frac{\Omega_0}{\sqrt{N}}(\hat{a}^\dagger\hat{J}_- + \hat{a}\hat{J}_+)$ il est clair qu'une quantité conservée eût été le nombre total d'excitations défini comme :

$$\hat{N}_{exc} = \hat{a}^\dagger\hat{a} + \hat{J}_z + \frac{N}{2} \qquad (2.9)$$

En effet, cela se montre directement sur une base de l'espace de Hilbert total constituée des états $\{|n\rangle \otimes |N/2, m\rangle, n = 0, 1..\infty, m = -N/2, ..., N/2\}$ où $|n\rangle$ est l'état de Fock à n photons (défini dans le chapitre précédent) et où $|N/2, m\rangle$ a été défini plus haut. L'Hamiltonien d'énergie propre du champ $\omega\hat{a}^\dagger\hat{a}$ et celui d'énergie atomique $\omega_{eg}\hat{J}_z$ sont diagonaux dans cette base, quant au terme $\hat{a}\hat{J}_+$, il annihile un photon en même temps qu'ils créent une excitation spinorielle et son hermitien conjugué fait l'inverse, ce qui prouve qu'eux aussi conservent le nombre total d'excitations $\hat{N}_{exc}$. On remarque que la constante $N/2$ dans $\hat{N}_{exc}$, si elle n'est pas absolument nécessaire, permet néanmoins d'attribuer 0 excitation à l'état $|0\rangle \otimes |m = -N/2\rangle$ qui est celui de plus basse énergie en

---

1. C'est trivial de le voir dans le cas où le couplage est nul : $\Omega_0 = 0$; on peut invoquer des arguments de continuité pour les autres valeurs de Ω_0.

l'absence de couplage, et d'avoir des valeurs entières de l'opérateur $\hat{N}_{exc}$ sur la base précédente. A cause des termes anti-résonants $\hat{a}^\dagger \hat{J}_+$ et $\hat{a}\hat{J}_-$ présents dans $\hat{H}_{Dicke}$, cette quantité n'est pas conservée dans le modèle de Dicke. En revanche, sa parité l'est. Supposons un état $|n\rangle \otimes |N/2, m\rangle$ dont le nombre total d'excitations $\hat{N}_{exc} = n + m + N/2$ est pair et où $n \neq 0$ et $-N/2 < m < N/2$ pour ne pas avoir à traiter un cas particulier. Alors

$$\hat{H}_{Dicke}|n\rangle \otimes |N/2, m\rangle = (n\hbar\omega + m\hbar\omega_{eg}))|n\rangle \otimes |N/2, m\rangle$$
$$+ \frac{\hbar\Omega_0}{\sqrt{N}}(\sqrt{n+1}\sqrt{(N(N+2)/4) - m(m-1))}|n+1\rangle \otimes |N/2, m-1\rangle$$
$$+ \frac{\hbar\Omega_0}{\sqrt{N}}(\sqrt{n+1}\sqrt{(N(N+2)/4) - m(m+1))}|n+1\rangle \otimes |N/2, m+1\rangle$$
$$+ \frac{\hbar\Omega_0}{\sqrt{N}}(\sqrt{n}\sqrt{(N(N+2)/4) - m(m-1))}|n-1\rangle \otimes |N/2, m-1\rangle$$
$$+ \frac{\hbar\Omega_0}{\sqrt{N}}(\sqrt{n}\sqrt{(N(N+2)/4) - m(m+1))}|n-1\rangle \otimes |N/2, m+1\rangle$$

qui est une superposition d'états aux nombres d'excitation pair également . Cela est encore vrai bien sûr pour $n = 0$ ou $m = \pm N/2$. Cela prouve que l'opérateur $\hat{\Pi} = exp\{i\pi\hat{N}_{exc}\}$ est conservé : $[\hat{\Pi}, \hat{H}_{Dicke}] = 0$. En fait, on peut aussi démontrer que le modèle possède cette symétrie en regardant la manière dont $\hat{\Pi}$ agit sur les opérateurs qui composent $\hat{H}_{Dicke}$:

$$\hat{\Pi} : (\hat{a}, \hat{J}_x) \longrightarrow \hat{\Pi}(\hat{a}, \hat{J}_x)\hat{\Pi}^\dagger = (-\hat{a}, -\hat{J}_x) \tag{2.10}$$
$$\hat{\Pi} : (\hat{a}^\dagger\hat{a}, \hat{J}_z) \longrightarrow \hat{\Pi}(\hat{a}^\dagger\hat{a}, \hat{J}_z)\hat{\Pi}^\dagger = (\hat{a}^\dagger\hat{a}, \hat{J}_z).$$

La première ligne prouve que l'Hamiltonien de couplage $\frac{\Omega_0}{\sqrt{N}}(\hat{a}+\hat{a}^\dagger)(\hat{J}_+ + \hat{J}_-) = \frac{2\Omega_0}{\sqrt{N}}(\hat{a} + \hat{a}^\dagger)(\hat{J}_x)$ est conservé, et la deuxième ligne que les hamiltoniens atomiques et d'énergie propre du champ aussi.

Comment calculer le spectre d'un tel système ? La première chose à laquelle on peut penser, dans la limite où le nombre d'atomes N devient très grand, c'est d'introduire les opérateurs électroniques collectifs suivants :

$$\hat{b}^\dagger = \frac{1}{\sqrt{N}}\hat{J}_+ = \frac{1}{\sqrt{N}}\sum_{j=1}^{N}|e\rangle_j\langle g|_j \tag{2.11}$$

$$\hat{b} = \frac{1}{\sqrt{N}}\hat{J}_- = \frac{1}{\sqrt{N}}\sum_{j=1}^{N}|g\rangle_j\langle e|_j \tag{2.12}$$

$$\tag{2.13}$$

Ils sont approximativement bosoniques pour peu que les atomes occupent très peu l'état excité :

$$[\hat{b}, \hat{b}^\dagger] = \frac{1}{N} \sum_{j=1}^{N} \{|g\rangle_j\langle g|_j - |e\rangle_j\langle e|_j\} = 1 - \frac{2}{N} \sum_{j=1}^{N} |e\rangle_j\langle e|_j \simeq 1. \qquad (2.14)$$

On peut imaginer que pour un faible couplage, les atomes soient peu incités à aller du fondamental $|g\rangle$ vers l'état excité $|e\rangle$ et qu'en conséquence, dans la limite thermodynamique ($N \to +\infty$), l'approximation précédente soit satisfaite.

En termes de ces opérateurs, l'Hamiltonien atomique $\sum_{j=1}^{N}(\omega_{eg}/2)\{2|e\rangle_j\langle e|_j - 1\}$ s'écrit $\omega_{eg}\hat{b}^\dagger\hat{b}$, où nous laissons de côté les excitations sombres non couplées à la lumière.[2] On obtient alors l'Hamiltonien de deux oscillateurs harmoniques couplés :

$$\hat{H}_{Dicke}^{bos}/\hbar = \omega\hat{a}^\dagger\hat{a} + \omega_{eg}\hat{b}^\dagger\hat{b} + \Omega_0(\hat{a} + \hat{a}^\dagger)(\hat{b} + \hat{b}^\dagger). \qquad (2.15)$$

où l'on voit que la constante qui couple le champ photonique au champ électronique collectif est $\sqrt{N}$ fois plus grande que la constante de couplage local $\Omega_0/\sqrt{N}$. On comprend alors ce que l'on avait déclaré dans le chapitre précédent : le couplage lumière-matière augmente comme $\sqrt{N}$ où N est le nombre d'atomes couplés : cela provient de la condition de normalisation du mode électronique collectif (cf Eq 2.11) et traduit l'interférence constructive des dipôles. Il est facile de diagonaliser l'Hamiltonien $\hat{H}_{Dicke}^{bos}/\hbar$ qui est quadratique et bosonique. A des fins pédagogiques, détaillons un peu une méthode possible quitte à renvoyer en annexes toutes les prochaines résolutions d'Hamiltoniens analogues.

Cherchons les deux modes bosoniques normaux combinaisons linéaires des opérateurs présents dans l'Hamiltonien (2.15) $\hat{P}_\pm^\dagger = u_\pm^{ph}\hat{a} + u_\pm^{el}\hat{b} + v_\pm^{ph}\hat{a}^\dagger + v_\pm^{el}\hat{b}^\dagger$ qui permettront d'écrire $\hat{H}_{Dicke}^{bos} = \sum_{l=\pm} \hbar\omega_l\hat{P}_l^\dagger\hat{P}_l + E_G$ avec E_G énergie du fondamental. Ils doivent vérifier $[\hat{H}_{Dicke}^{bos}, \hat{P}_\pm] = -\hbar\omega_\pm\hat{P}_\pm$, ce qui implique le problème aux valeurs propres suivants (pour $l = \pm$) :

$$\begin{pmatrix} \omega & \Omega_0 & 0 & -\Omega_0 \\ \Omega_0 & \omega_{eg} & -\Omega_0 & 0 \\ 0 & \Omega_0 & -\omega & -\Omega_0 \\ \Omega_0 & 0 & -\Omega_0 & -\omega_{eg} \end{pmatrix} \begin{pmatrix} u_l^{ph} \\ u_l^{el} \\ v_l^{ph} \\ v_l^{el} \end{pmatrix} = \omega_l \begin{pmatrix} u_l^{ph} \\ u_l^{el} \\ v_l^{ph} \\ v_l^{el} \end{pmatrix} \qquad (2.16)$$

---

2. un traitement sans doute plus rigoureux nécessite les outils mathématiques que nous introduirons dans la section 2.2.

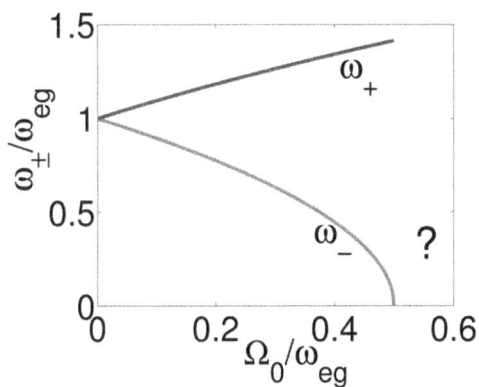

FIGURE 2.1 – Excitations bosoniques élémentaires normalisées $\omega_\pm/\omega_{eg}$ de l'Hamiltonien de Dicke bosonisé (2.15) à résonance ($\omega = \omega_{eg}$) en fonction du couplage normalisé Ω_0/ω_{eg} . La branche basse ω_- tend vers 0 pour $\Omega_0/\omega_{eg} = 0.5$. La bosonisation effectuée (voir texte) n'est certainement plus valable au-delà de ce point.

La matrice 4×4 précédente prend le nom de matrice de Hopfield-Bogoliubov [53] et les modes bosoniques normaux $\hat{P}_{\pm}$, appelés *polaritons*, définissent les *quanta* du système dans le régime de couplage fort.

En outre, on veut qu'ils soient tous deux bosoniques : $[\hat{P}_l, \hat{P}_l^{\dagger}] = 1$, ce qui implique la condition de normalisation sur leur coefficients : $|u_l^{ph}|^2 + |u_l^{el}|^2 - |v_l^{ph}|^2 - |v_l^{el}|^2 = 1$ (pour $l = \pm$).[3]

Les états propres s'obtiennent alors en fonction des opérateurs polaritoniques. Le fondamental $|G\rangle$ est simplement le produit des fondamentaux des deux modes bosoniques normaux, il vérifie donc $\hat{P}_+|G\rangle = \hat{P}_-|G\rangle = 0$[4] et les états excités sont les quanta élémentaires $\frac{(\hat{P}_+^{\dagger})^{q_+}(\hat{P}_-^{\dagger})^{q_-}}{\sqrt{q_+!q_-!}}|G\rangle$ où q_+ et q_- sont des entiers naturels. Cette méthode permet de résoudre complètement les hamiltoniens quadratiques et bosoniques.

De cette diagonalisation, on peut en particulier tirer les excitations bosoniques élémentaires du système couplé qui sont égales à $\omega_{\pm}$. Nous les avons tracé dans la figure 2.1. La branche basse ω_- s'annule pour une valeur du couplage égale à

$$\Omega_0^{cr} = \frac{\sqrt{\omega \omega_{eg}}}{2}. \tag{2.17}$$

Comme on le verra, ce point constitue un point critique quantique (*Quantum Critical Point*) qui est le signe d'une transition de phase quantique [54, 55]. L'Hamiltonien bosonisé (2.15), qui reposait sur l'hypothèse d'une petite occupation de l'état excité par les atomes (voir Eq. 2.14), devient alors totalement incapable[5] de décrire le modèle de Dicke lorsque le couplage Ω_0 atteint ou dépasse cette valeur critique, précisément parce que les systèmes à deux niveaux , de plus en plus excités par le champ, tendent tous à quitter l'état fondamental . Et l'on pressent aussi que le caractère fermionique des niveaux électroniques,

---

3. Les deux valeurs propres négatives de la matrice précédente , égales à $-\omega_{\pm}$, ne sont pas physiques. Les vecteurs propres correspondant ne peuvent pas être normalisés de telle sorte que $|u_l^{ph}|^2 + |u_l^{el}|^2 - |v_l^{ph}|^2 - |v_l^{el}|^2 = 1$. Par exemple, dans le cas de couplage nul, leurs coefficients *résonants* u_l^{ph} et u_l^{ph} sont nuls.

4. Comme nous pouvons écrire les oscillateurs harmoniques tantôt dans une représentation bosonique, i.e à l'aide d'opérateurs $\hat{a}$ et $\hat{a}^{\dagger}$, tantôt dans une représentation position-impulsion $\hat{X} - \hat{P}$, nous donnerons aussi dans un chapitre ultérieur une manière d'écrire la fonction d'onde du fondamental dans la représentation $\hat{X} - \hat{P}$ qui est très pratique pour certains types de calcul.

5. Mathématiquement, cela se traduit par l'apparition de valeurs propres imaginaires pures dans la matrice de Hopfield-Bogoliubov précédente.

négligé dans l'Hamiltonien (2.15), va jouer un rôle important dans cette transition. Il existe une manière de tenir compte de la fermionicité des atomes pour le calcul des excitations élémentaires dans la limite thermodynamique et pour toute valeur du couplage Ω_0. Nous la décrivons dans la section suivante.

2.2 La transition de phase quantique superradiante

La transformation d'Holstein-Primakoff [56] permet de décrire le modèle de Dicke exactement, dans la limite thermodynamique et quelque soit la valeur du couplage lumière-matière. Elle consiste à représenter les opérateurs collectifs de spins par des fonctions analytiques d'opérateurs bosoniques :

$$\hat{J}_+ = \hat{b}^\dagger \sqrt{N - \hat{b}^\dagger \hat{b}} \;\; ; \;\; \hat{J}_- = \sqrt{N - \hat{b}^\dagger \hat{b}} \; \hat{b} \quad \text{et} \quad \hat{J}_z = \hat{b}^\dagger \hat{b} - \frac{N}{2}. \quad (2.18)$$

Cette fois-ci, les opérateurs $\hat{b}^\dagger$ et $\hat{b}$ sont exactement bosoniques : $[\hat{b}, \hat{b}^\dagger] = 1$. Dans cette représentation l'Hamiltonien monomode uniforme de Dicke s'écrit :

$$\frac{\hat{H}_{Dicke}}{\hbar} = \omega \hat{a}^\dagger \hat{a} + \omega_{eg}(\hat{b}^\dagger \hat{b} - \frac{N}{2})$$
$$+ \Omega_0(\hat{a} + \hat{a}^\dagger)\{\hat{b}^\dagger \sqrt{1 - \frac{\hat{b}^\dagger \hat{b}}{N}} + \sqrt{1 - \frac{\hat{b}^\dagger \hat{b}}{N}} \; \hat{b}\}, \quad (2.19)$$

où l'on a fait strictement aucune approximation. Quant à l'opérateur de symétrie $\hat{\Pi}$, il prend dans cette représentation, la forme simple :

$$\hat{\Pi} = exp\{i\pi[\hat{a}^\dagger \hat{a} + \hat{b}^\dagger \hat{b}]\} \quad (2.20)$$

dont l'action sur les champs $\hat{a}$ et $\hat{b}$ donne tout aussi simplement :

$$\hat{\Pi} : (\hat{a}, \hat{b}) \longrightarrow \hat{\Pi}(\hat{a}, \hat{b})\hat{\Pi}^\dagger = (-\hat{a}, -\hat{b}). \quad (2.21)$$

2.2.1 La phase normale

Pour obtenir les excitations élémentaires dans la limite thermodynamique ($N \to +\infty$), pour des couplages $\Omega_0 \leq \Omega_0^{cr}$, on fait dans l'Hamiltonien (2.19)

l'approximation $\sqrt{1 - \frac{\hat{b}^\dagger \hat{b}}{N}} \simeq 1$ qui redonne l'Hamiltonien $\hat{H}^{bos}_{Dicke}$ (voir Eq
(2.15)). On vérifie en passant, grâce aux relations (2.21), que la parité $\hat{\Pi}$,
écrite dans la nouvelle représentation est aussi conservée par cet Hamiltonien
$[\hat{H}^{bos}_{Dicke}, \hat{\Pi}] = 0$ [6]. On a calulé le spectre de $\hat{H}^{bos}_{Dicke}$ précédemment (voir figure
2.1) et on a vu qu'il donnait lieu à l'apparition du point critique $\Omega_0 = \Omega^{cr}_0$ en
lequel il existe un mode mou avec énergie nulle $\omega_-(\Omega^{cr}_0) = 0$. Pour $\Omega_0 < \Omega^{cr}_0$,
le fondamental $|G\rangle$ est non dégénéré, et comme $[\hat{H}^{bos}_{Dicke}, \hat{\Pi}] = 0$, cela veut
dire que les sous-espaces propres de $\hat{H}^{bos}_{Dicke}$ sont laissés stables par $\hat{\Pi}$. Ainsi
$\hat{\Pi}|G\rangle \in Vec\{|G\rangle\}$, ce qui implique que le fondamental $|G\rangle$ est vecteur propre
de $\hat{\Pi}$. $|G\rangle$ a donc une parité donnée et l'on dit que le *système possède une
symétrie*. En l'occurence, comme pour $\Omega_0 = 0$, $|G\rangle = |0\rangle \times |0\rangle$, c'est à dire le
vide de photon fois le vide d'excitation électronique (qui correspond dans le
cas N fini à l'état $|G\rangle = |0\rangle \times |N/2, -N/2\rangle$), le fondamental par continuité
aura un nombre d'excitations pair pour tout $\Omega_0 < \Omega^{cr}_0$. Pour $\Omega_0 = \Omega^{cr}_0$, le sous-
espace fondamental $\mathcal{F}_0$ est infiniment dégénéré (tous les états $\frac{(\hat{P}^\dagger_-)^{q_-}}{\sqrt{q_-!}}|G\rangle$ pour
$q_- = 0, 1, 2, .., \infty$). Si l'Hamiltonien $\hat{\Pi}$ commute toujours avec $\hat{H}^{bos}_{Dicke}$, à cause
de la dégénérescence, la condition $\hat{\Pi}(\mathcal{F}_0) \in \mathcal{F}_0$ n'implique alors plus forcément
que les états fondamentaux sont vecteurs propres de $\hat{\Pi}$. La symétrie $\hat{\Pi}$ *se brise
au point critique*. Pour savoir si elle est brisée au-delà du point critique (i.e.
pour $\Omega_0 > \Omega^{cr}_0$), et de manière générale, pour caractériser l'ensemble du système dans la phase surcritique, il convient de revenir à l'Hamiltonien (2.19) et
de traduire *mathématiquement* la possibilité d'une transition de phase quantique.

2.2.2 La phase superradiante

Ce que Clive Emary et Tobias Brandes ont compris et réussi à transcrire
[21, 57], c'est que les champs photoniques et électroniques pouvaient acquérir
une cohérence macroscopique dans la phase surcritique. En conséquence, ils
proposent d'effectuer le changement de variables suivant :

$$\hat{a}^\dagger \to \hat{c}^\dagger + \sqrt{\gamma} \quad \text{et} \quad \hat{b}^\dagger \to \hat{d}^\dagger - \sqrt{\beta}, \tag{2.22}$$

où γ et β sont deux nombres réels d'ordre N.

---

6. Cela évite d'invoquer des théorèmes sur le fait qu'un opérateur qui serait conservé par
tous les Hamiltoniens d'une suite discrète le serait aussi par sa limite à l'infini.

L'Hamiltonien (2.19) devient alors [7] :

$$\hat{H}_{Dicke}/\hbar = \omega\{\hat{c}^\dagger\hat{c} + \sqrt{\gamma}\hat{c}^\dagger + \sqrt{\gamma}\hat{c} + \gamma\}$$
$$+ \omega_{eg}\{\hat{d}^\dagger\hat{d} - \sqrt{\beta}(\hat{d} + \hat{d}^\dagger) + \beta - \frac{N}{2}\} \qquad (2.23)$$
$$+ \sqrt{\frac{K}{N}}\Omega_0\Big\{\hat{c}^\dagger + \hat{c} + 2\sqrt{\gamma}\Big\}\Big\{(\hat{d}^\dagger - \sqrt{\beta})\sqrt{1 - \frac{\hat{d}^\dagger\hat{d} - \sqrt{\beta}(\hat{d} + \hat{d}^\dagger)}{K}}$$
$$+ \sqrt{1 - \frac{\hat{d}^\dagger\hat{d} - \sqrt{\beta}(\hat{d} + \hat{d}^\dagger)}{K}}(\hat{d} - \sqrt{\beta})\Big\}$$

où $K = N - \beta$ est aussi d'ordre N et a été introduit pour alléger les notations. Jusqu'à présent, aucune approximation n'a encore été faite. Nous faisons alors le développement suivant :

$$\sqrt{1 - \frac{\hat{d}^\dagger\hat{d} - \sqrt{\beta}(\hat{d} + \hat{d}^\dagger)}{K}} \approx 1 - \frac{1}{2K}\{\hat{d}^\dagger\hat{d} - \sqrt{\beta}(\hat{d} + \hat{d}^\dagger)\}$$
$$- \frac{1}{8K^2}\{\hat{d}^\dagger\hat{d} - \sqrt{\beta}(\hat{d} + \hat{d}^\dagger)\}^2 \qquad (2.24)$$

Puis nous reportons dans l'Hamiltonien précédent cette expression pour les racines carrées d'opérateurs. Nous développons alors les produits. La limite thermodynamique est ensuite prise en écartant les termes dont l'amplitude tend vers 0 quand $N \to +\infty$:

$$\hat{H}_{Dicke}/\hbar = \omega\hat{c}^\dagger\hat{c} + \Big\{\omega_{eg} + 2\Omega_0\sqrt{\frac{\gamma\beta}{NK}}\Big\}\hat{d}^\dagger\hat{d} \qquad (2.25)$$
$$+ \Omega_0\sqrt{\frac{\gamma\beta}{NK}}\frac{\beta + 2K}{2K}(\hat{d}^\dagger + \hat{d})^2 + \Omega_0\frac{N - 2\beta}{\sqrt{NK}}(\hat{c} + \hat{c}^\dagger)(\hat{d}^\dagger + \hat{d})$$
$$+ (\hat{c}^\dagger + \hat{c})(\omega\sqrt{\gamma} - 2\Omega_0\sqrt{\frac{K\beta}{N}})$$
$$+ (\hat{d}^\dagger + \hat{d})\{-\omega_{eg}\sqrt{\beta} + 2\Omega_0\sqrt{\frac{K\gamma}{N}}(1 - \frac{\beta}{K})\}$$
$$+ \{\omega\gamma + (\beta - N/2)\omega_{eg} - \Omega_0\sqrt{\frac{\beta\gamma}{N}}(4\sqrt{K} + 1/\sqrt{K})\}$$

Dans cet Hamiltonien, les deux premières lignes sont constituées de termes quadratiques, les troisième et quatrième de termes linéaires et la dernière de

---

7. Nous détaillons les calculs suivants pour montrer la méthode très élégante conçue par Emary et Brandes ; dans la suite, les calculs similaires seront renvoyés en annexe.

termes constants. Exactement comme si l'on avait à rechercher les positions des minima d'une fonction en analyse, on détermine ici les déplacements macroscopiques γ et β en éliminant les termes linéaires, ce qui donne :

$$\begin{cases} \sqrt{\gamma} = \frac{2}{\omega}\Omega_0\sqrt{\frac{K\beta}{N}} \\[2mm] \sqrt{\beta}\{-\omega_{eg} + \frac{4\Omega_0^2}{\omega}\frac{N-2\beta}{N}\} = 0. \end{cases} \quad (2.26)$$

La solution $\gamma = \beta = 0$ permet de retrouver la phase normale étudiée précédemment. Pour $\Omega_0 > \Omega_0^{cr}$, il existe un doublet de solutions non nulles $\{\sqrt{\gamma}, \sqrt{\beta}\} = \{(\Omega_0/\omega)\sqrt{N(1-\mu^2)}, \sqrt{(1-\mu)(N/2)}\}$ avec $\mu = (\omega_{eg}\omega)/(4\Omega_0^2)$. En fait, nous aurions tout aussi bien pu définir les déplacements (voir Eq (4.11)) avec le signe opposé ($\hat{a}^\dagger \to \hat{c}^\dagger - \sqrt{\gamma}$ et $\hat{b}^\dagger \to \hat{d}^\dagger + \sqrt{\beta}$), si bien que pour $\Omega_0 > \Omega_0^{cr}$, en refaisant les étapes précédentes (de l'Eq (4.11) à l'Eq (2.27)), on s'apercevrait qu'il existe un autre doublet de solutions admissibles pour les déplacements qui seraient de signe opposé au précédent. On peut alors résumer les solutions pour les déplacements en fonction de la valeur du couplage Ω_0 :

$$\begin{cases} \{\sqrt{\gamma}, \sqrt{\beta}\} = \{0, 0\} & \text{pour } \Omega_0 < \Omega_0^{cr} \\[2mm] \{\sqrt{\gamma}, \sqrt{\beta}\} = \{\epsilon\frac{\Omega_0}{\omega}\sqrt{N(1-\mu^2)}, \epsilon\sqrt{\frac{N(1-\mu)}{2}}\} & \text{pour } \Omega_0 > \Omega_0^{cr} \end{cases} \quad (2.27)$$

où $\epsilon = \pm 1$. Avec ces solutions pour les déplacements, on peut revenir à l'Hamiltonien (2.25), qui devient pour $\Omega_0 > \Omega_0^{cr}$:

$$\hat{H}_{Dicke}/\hbar = \omega\hat{c}^\dagger\hat{c} + \frac{\omega_{eg}}{2\mu}(1+\mu)\hat{d}^\dagger\hat{d} + \frac{\omega_{eg}(3+\mu)(1-\mu)}{8\mu(1+\mu)}(\hat{d}^\dagger + \hat{d})^2 \quad (2.28)$$

$$+ \Omega_0\mu\sqrt{\frac{2}{1+\mu}}(\hat{c}+\hat{c}^\dagger)(\hat{d}^\dagger + \hat{d}) - \frac{N}{2}\{\frac{2\Omega_0^2}{\omega} + \frac{\omega_{eg}^2\omega}{8\Omega_0^2}\} - \frac{\Omega_0^2}{\omega}(1-\mu)$$

Cette écriture est valable pour les deux doublets de déplacements ($\epsilon = \pm 1$).

On retrouve l'Hamiltonien de deux oscillateurs couplés dont les modes normaux donnent les excitations bosoniques élémentaires qui prennent place autour de chacun des deux doublets de cohérence macroscopiques $\pm\{\sqrt{\gamma}, \sqrt{\beta}\}$. Nous pouvons alors tracer le diagramme des modes propres du système dans la limite thermodynamique pour toute valeur du couplage Ω_0 (voir figure 2.2)

Comme précédemment, en diagonalisant la matrice de Hopfield-Bogoliubov associée (voir l'Annexe), on détermine aussi les polaritons $\hat{P}_l^\epsilon$ qui seront combinaisons linéaires de $\hat{c} = \hat{a} + \epsilon\sqrt{\gamma}$ et $\hat{d} = \hat{b} - \epsilon\sqrt{\gamma}$ et de leur **h.c**, et qui

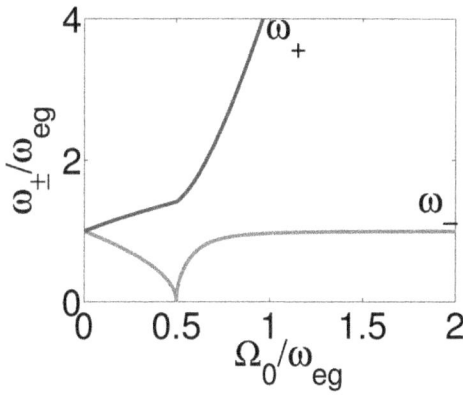

FIGURE 2.2 – Excitations bosoniques élémentaires normalisées $\omega_{\pm}/\omega_{eg}$ de l'Hamiltonien de Dicke bosonisé (2.15) à résonance ($\omega = \omega_{eg}$) en fonction du couplage normalisé Ω_0/ω_{eg}. La branche basse ω_- exhibe un point critique en $\Omega_0/\omega_{eg} = 0.5$. On peut montrer (voir l'annexe) que pour $\Omega_0 \to \Omega_0^{cr}$, $\omega_- \sim |\Omega_0 - \Omega_0^{cr}|^{1/2}$. Au-delà de ce point, tout le spectre est deux fois dégénérés (voir texte).

seront définis pour chacun des deux doublets de déplacements ($\epsilon = \pm 1$). Tout le spectre du système, dans la limite thermodynamique est donc deux fois dégénéré. En particulier, les deux fondamentaux $|G_1\rangle$ et $|G_2\rangle$ correspondent à l'absence de quantum d'excitation polaritonique : $\hat{P}_+^+|G_1\rangle = \hat{P}_-^+|G_1\rangle = 0$ et $\hat{P}_+^-|G_2\rangle = \hat{P}_-^-|G_2\rangle = 0$. Ils vérifient alors[8] :

$$\langle G_1|a|G_1\rangle = -\sqrt{\gamma} \tag{2.29}$$

$$\langle G_1|b|G_1\rangle = +\sqrt{\beta} \tag{2.30}$$

$$\langle G_2|a|G_2\rangle = +\sqrt{\gamma} \tag{2.31}$$

$$\langle G_2|b|G_2\rangle = -\sqrt{\beta}. \tag{2.32}$$

Les deux déplacements macroscopiques autour desquels les excitations élémentaires se produisent donnent donc directement les cohérences photoniques et électronique des états fondamentaux. Le fait que ces cohérences soient non nulles implique nécessairement que la symétrie $\hat{\Pi}$ est brisée : les deux fondamentaux $|G_1\rangle$ et $|G_2\rangle$ n'ont plus de parité définie[9]. Par ailleurs, on l'a vu plus haut, le fait qu'une symétrie de l'Hamiltonien soit brisée entraîne nécessairement la dégénérescence du fondamental. On le voit dans ce modèle : la cohérence, la brisure de la parité et la dégénérescence sont des notions étroitement reliées.

Enfin, pour *illustrer* cette transition de phase quantique, il est peut-être intéressant de dire un mot sur le modèle semi-classique que l'on dérive de l'Hamiltonien (2.19) (qui correspond au cas N fini). Pour l'établir, on introduit des variables de position et d'impulsion combinaisons linéaires des opérateurs $\hat{a}$ et $\hat{b}$ et leur **hc**. On montre alors [21, 57] que ce modèle est équivalent à la description d'une particule se déplaçant dans un potentiel bi-dimensionnel fonction à la fois des positions x et y, mais aussi de l'impulsion p_y :

$$U(x,y,p_y) = \frac{1}{2}\{\omega^2 x^2 + \omega_{eg}^2 y^2\} + 2\Omega_0\sqrt{\omega\omega_{eg}}xy\sqrt{1 - \frac{\omega_{eg}^2 y^2 + p_y^2 - \omega_{eg}}{2N\omega_{eg}}}. \tag{2.33}$$

En traçant un tel potentiel bi-dimensionnel pour différentes valeurs du couplage Ω_0, on voit qu'il se déforme et adopte une structure en double-puits pour $\Omega_0 > \Omega_0^{cr}$ (voir figure 2.3). On comprend alors que les excitations bosoniques

---

8. On utilise le fait que les opérateurs $\hat{c}$ et $\hat{d}$ peuvent s'écrire comme combinaison linéaire des polaritons.

9. Car sinon, on aurait par exemple $\hat{\Pi}|G_1\rangle = \pm|G_1\rangle$, ce qui donnerait $\langle G_1|\hat{a}|G_1\rangle = \langle G_1|\hat{\Pi}^\dagger\hat{a}\hat{\Pi}|G_1\rangle = -\langle G_1|\hat{a}|G_1\rangle \Rightarrow \langle G_1|\hat{a}|G_1\rangle = 0$.

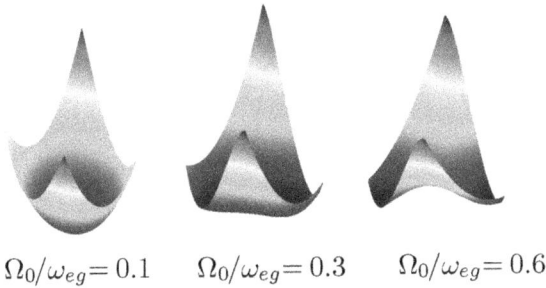

$$\Omega_0/\omega_{eg} = 0.1 \quad \Omega_0/\omega_{eg} = 0.3 \quad \Omega_0/\omega_{eg} = 0.6$$

FIGURE 2.3 – Potentiel du modèle semi-classique équivalent à résonance ($\omega = \omega_{eg}$), pour $N = 5$ atomes, $p_y = 0$ (voir texte) et pour trois couplages lumière-matière différents. On voit l'apparition de la structure en double-puits quand Ω_0 dépasse Ω_0^{cr}.

élémentaires décrites plus haut sont reliées aux oscillations quasi-harmoniques (et harmoniques dans la limite $N \to +\infty$) qui prennent place autour des minima du potentiel bi-dimensionnel. Pour $\Omega_0 < \Omega_0^{cr}$, celui-ci admet un unique minimum placé en x=y=0 , ce qui correspond à l'absence de cohérence du fondamental dans le modèle quantique. Puis, pour $\Omega_0 = \Omega_0^{cr}$, une des directions est plate : les excitations dans cette direction sont à fréquence nulle. Enfin, pour $\Omega_0 > \Omega_0^{cr}$, il apparaît deux nouveaux minima locaux stables, symétriques par rapport au centre (en $(x,y) = \pm(x_0,y_0) \neq (0,0)$) et qui seront les lieux des nouvelles oscillations de la particule : ils correspondent aux fondamentaux de la phase superradiante dans le modèle de Dicke, dont les cohérences photonique et électronique sont non nulles et de signe opposé d'un fondamental à l'autre.

2.3   Modèle de Dicke généralisé

Nous revenons sur la condition d'orthogonalité entre la direction de la matrice de Pauli représentant le couplage local des systèmes à deux niveaux avec le champ et celle de la matrice de Pauli représentant l'énergie atomique. Nous

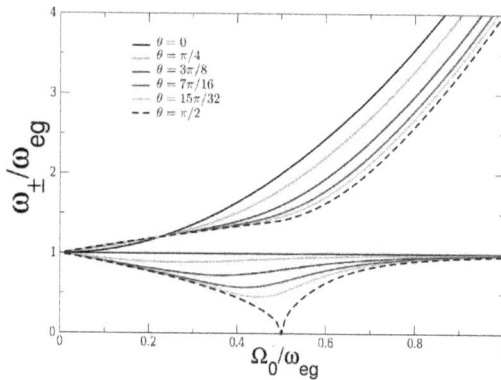

FIGURE 2.4 – Excitations bosoniques élémentaires dans la limite thermodynamique, à résonance ($\omega_{eg} = \omega$) et pour différents angles θ dans le modèle de
Dicke généralisé (voir texte). Le point critique n'existe que pour $\theta = \pi/2$, correspondant à un Hamiltonien de couplage orthogonal à l'Hamiltonien atomique
(voir texte). *Figure extraite de la référence [58].*

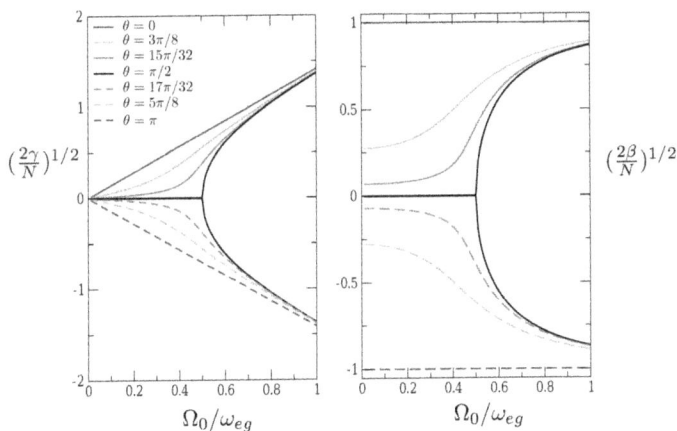

FIGURE 2.5 – Déplacements dans la limite thermodynamique, à résonance ($\omega_{eg} = \omega$) et pour différentes valeurs de θ dans le modèle de Dicke généralisé (voir texte). Seule la valeur $\theta = \pi/2$ permet d'obtenir deux doublets solutions pour les déplacements, correspondant à la présence d'une dégénerescence double pour $\Omega_0 > \Omega_0^{cr}$. *Figure extraite de la référence [58].*

introduisons un modèle de Dicke plus général :

$$\hat{H}^{gen}_{Dicke}/\hbar = \omega \hat{a}^\dagger \hat{a} + \omega_{eg}\{\cos(\theta)\hat{J}_x + \sin(\theta)\hat{J}_z\} + \frac{\Omega_0}{\sqrt{N}}(\hat{a} + \hat{a}^\dagger)(\hat{J}_+ + \hat{J}_-), (2.34)$$

où $0 \leq \theta \leq \pi$.

En utilisant les relations (2.10), on remarque que l'opérateur de parité $\hat{\Pi} = exp\{i\pi\hat{N}_{exc}\}$ n'est conservé par l'Hamiltonien $\hat{H}^{gen}_{Dicke}$ que pour $\theta = \pi/2$. De plus, en faisant les mêmes développements que précédemment, on peut calculer[58] les excitations élémentaires ainsi que les occupations macroscopiques $\sqrt{\gamma}$ et $\sqrt{\beta}$ dans la limite thermodynamique et pour tous les angles, et voir ainsi que la fréquence polaritonique inférieure ω_- n'admet un point critique que pour $\theta = \pi/2$. Nous donnons ces résultats sur les figures 2.4 et 2.5.

2.4   Théorème no-go en cavity QED

La question que l'on doit se poser à propos du modèle de Dicke[10] est de savoir s'il décrit bien ou non la réalité. Or, l'Hamiltonien de Dicke (Eq. (2.1)) est obtenu en négligeant le terme diamagnétique (ou terme $\hat{\mathbf{A}}^2$). Ce terme apparaît naturellement dans les interactions dipolaires électriques entre un atome et le champ quantique d'une cavité dont les opérateurs d'annihilation et de création sont les opérateurs bosoniques $\hat{a}$ et $\hat{a}^\dagger$. Le terme $\hat{\mathbf{A}}^2$ est alors $\propto (\hat{a} + \hat{a}^\dagger)^2$. On montre ci-dessous qu'en cavity QED, son amplitude est telle qu'il interdit la transition de phase quantique superradiante.

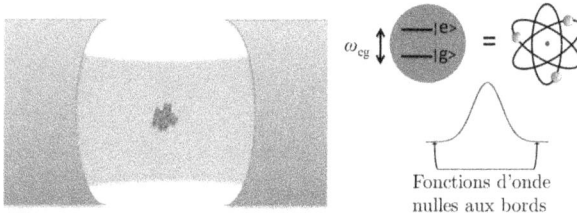

FIGURE 2.6 – Schéma du système considéré : N atomes dans une cavité. Ils sont identiques, interagissent avec le champ de la cavité par interaction dipolaire électrique et on fait l'hypothèse qu'ils peuvent être approximés par des systèmes à deux niveaux $\{|g\rangle, |e\rangle\}$ de fréquence de transition ω_{eg}. Les fonctions d'onde des états électroniques de chaque atome s'annulent aux bords du domaine où ils sont regroupés.

Considérons donc une collection de N atomes identiques et indépendants, au sens où ils n'interagissent pas directement entre eux (voir Figure 2.6). Un tel système est décrit par l'Hamiltonien microscopique général :

$$\hat{H} = \sum_{j=1}^{N} \hat{H}_j = \sum_{j=1}^{N} \left(\sum_{i_j=1}^{\nu} \frac{\mathbf{p}_{i_j}^2}{2m_{i_j}^*} \right) + \hat{U}_j, \qquad (2.35)$$

où $\hat{H}_j$ est l' Hamiltonien *nu* pour le $j^{ème}$ atome, et où l' indice i_j fait référence à l'une des ν particules de charge q_{i_j} qui constituent cet atome; $\mathbf{p}_{i_j}$ $(m_{i_j}^*)$

---

10. comme à propos de tout modèle d'ailleurs

est l'impulsion correspondante (la masse) qui intervient dans l'expression de l'énergie cinétique (non relativiste), tandis qu' $\hat{U}_j$ est l'énergie potentielle dont on fait l'hypothèse qu'elle ne dépend que des coordonnées de position. Biensûr, pour des atomes faits d'électrons, nous avons $m_{i_j}^* = m_0$ et $q_{i_j} = -e$, mais ce qui suit vaut pour n'importe quel type de porteurs de charges. Afin de déterminer l'interaction entre les atomes et le champ quantique de la cavité résonante où ils se trouvent, on procède au *couplage minimal standard* : $\mathbf{p}_{i_j} \rightarrow \mathbf{p}_{i_j} - q_{i_j}\hat{\mathbf{A}}(\mathbf{r}_{i_j})$. Si nous considérons uniquement un mode photonique résonant et que nous supposons que les atomes occupent une région de l'espace où les variations spatiales du champ sont négligeables, alors nous pouvons remplacer $\hat{\mathbf{A}}(\mathbf{r})$ par $\mathbf{A_0}(a^\dagger + a)$, où $\mathbf{A_0}$ est l'amplitude du potentiel vecteur du champ dans la région où évoluent les atomes. On obtient alors le terme d'interaction :

$$H_{int} = -\sum_{j=1}^{N}\sum_{i_j=1}^{\nu} \frac{q_{i_j}}{m_{i_j}^*}\mathbf{p}_{i_j} \cdot \mathbf{A}_0(a^\dagger + a) \qquad (2.36)$$

ainsi que le terme $\mathbf{A}^2$:

$$H_{A^2} = \sum_{j=1}^{N}\sum_{i_j=1}^{\nu} \frac{q_{i_j}^2}{2m_{i_j}^*}\mathbf{A}_0^2(a^\dagger + a)^2. \qquad (2.37)$$

Supposons que l'on peut approximer chaque atome par un système à deux niveaux : $\{|g\rangle, |e\rangle\}$, où $|g\rangle$ et $|e\rangle$ sont les deux états propres de chaque atome. Alors, en utilisant la realtion de commutation fondamentale $i\hbar\frac{\mathbf{p}_{i_j}}{m_{i_j}^*} = [\mathbf{r}_{i_j}, H_j]$, on obtient :

$$H_{int} = -i\omega_{eg}\,\mathbf{d}_{eg} \cdot \mathbf{A}_0(a^\dagger + a)\sum_{j=1}^{N}(|e\rangle\langle g|)_j \; + \; \text{h.c.} \qquad (2.38)$$

où ω_{eg} est la fréquence de transition atomique et où l'élément de matrice du dipôle électrique est $\mathbf{d}_{eg} = \langle e|\mathbf{d}_j|g\rangle_j = \langle e|\sum_{i_j}^{\nu} q_{i_j}\mathbf{r}_{i_j}|g\rangle_j$ (identique pour tous les atomes). Utilisons les opérateurs collectifs $\hat{J}_+ = \sum_{j=1}^{N}|\tilde{e}\rangle_j\langle g|_j$ et $\hat{J}_- = \hat{J}_+^\dagger$, avec $|\tilde{e}\rangle_j = -i|e\rangle_j \; \forall j = 1..N$ que l'on a introduit afin de retrouver une forme analogue à la forme étudiée plus haut. L'Hamiltonien d'interaction s'écrit alors :

$$\hat{H}_{int} = \hbar\frac{\Omega_0}{\sqrt{N}}(a + a^\dagger)(\hat{J}_+ + \hat{J}_-) \qquad (2.39)$$

où

$$\Omega_0 = \frac{\omega_{eg}}{\hbar}\mathbf{d}_{eg} \cdot \mathbf{A}_0\sqrt{N} \qquad (2.40)$$

est la fréquence de Rabi du vide collective [11] qui tient compte de l'augmentation du couplage d'un facteur $\sqrt{N}$. Le terme $\hat{\mathbf{A}}^2$ prend lui la forme :

$$\hat{H}_{A^2} = \sum_{i=1}^{\nu} \frac{q_i^2}{2m_i^*} N \mathbf{A}_0^2 (a + a^\dagger)^2 = \hbar D (\hat{a} + \hat{a}^\dagger)^2. \tag{2.41}$$

Enfin l'Hamiltonien atomique s'écrit $\hat{H}_{at} = \sum_j \hbar(\omega_{eg}/2)(|e\rangle\langle e|_j - |g\rangle\langle g|_j) = \hbar\omega_{eg}\hat{J}_z$. Avec un seul mode photonique, l'énergie de la cavité est $\hat{H}_{cav} = \hbar\omega\hat{a}^\dagger\hat{a}$. L'Hamiltonien décrivant le système est donc $\hat{H} = \hat{H}_{at} + \hat{H}_{cav} + \hat{H}_{int} + \hat{H}_{A^2}$:

$$\hat{H}/\hbar = \omega\hat{a}^\dagger\hat{a} + D(\hat{a} + \hat{a}^\dagger)^2 + \omega_{eg}\hat{J}_z + \frac{\Omega_0}{\sqrt{N}}(\hat{a} + \hat{a}^\dagger)(\hat{J}_+ + \hat{J}_-). \tag{2.42}$$

On le voit, au terme $\hat{\mathbf{A}}^2$ près, cette dérivation microscopique conduit à un Hamiltonien uniforme et monomode analogue à l'Hamiltonien de Dicke 2.5. On peut alors, comme dans les sections précédentes procéder à une transformation d'Holstein-Primakoff (voir Annexe). La phase *normale*, pour laquelle les déplacements macroscopiques sont nuls, revient à approximer $\hat{J}_+$ par $(1/\sqrt{N})\hat{b}^\dagger$ et $\hat{J}_-$ par $(1/\sqrt{N})\hat{b}$ dans la limite thermodynamique. On retombe sur un Hamiltonien quadratique et bosonique dont les fréquences propres $\omega_\pm$ sont les valeurs propres positives de la matrice de Hopfield-Bogoliubov $\mathcal{M}$:

$$\mathcal{M} = \begin{pmatrix} \omega + 2D & \Omega_0 & -2D & -\Omega_0 \\ \Omega_0 & \omega_{eg} & -\Omega_0 & 0 \\ 2D & \Omega_0 & -(\omega + 2D) & -\Omega_0 \\ \Omega_0 & 0 & -\Omega_0 & -\omega_{eg} \end{pmatrix}. \tag{2.43}$$

La présence d'un point critique sera révélée par l'annulation de la valeur propre ω_-, et donc du déterminant de $\mathcal{M}$ qui est donné par :

$$Det(\mathcal{M}) = \omega_{eg}\omega(\omega_{eg}(4D + \omega) - 4\Omega_0^2). \tag{2.44}$$

Dans le cas du modèle de Dicke, le terme $\hat{\mathbf{A}}^2$ est négligé, donc $D = 0$ et la condition $Det(\mathcal{M}) = 0$ donne , comme on l'a vu, $\Omega_{0,Dicke}^{cr} = \sqrt{\omega_{eg}\omega}/2$. Mais si le terme $\hat{\mathbf{A}}^2$ est retenu, la situation change dramatiquement. En fait, en utilisant l'inégalité de Cauchy-Schwartz, on obtient :

$$\Omega_0^2 = \frac{\omega_{eg}^2}{\hbar^2} N |\mathbf{d}_{eg} \cdot \mathbf{A}_0|^2 \leq \frac{\omega_{eg}^2}{\hbar^2} N |\mathbf{d}_{eg}|^2 |\mathbf{A}_0|^2. \tag{2.45}$$

---

11. Si $\mathbf{d}_{eg} \cdot \mathbf{A}_0$ est un nombre complexe, alors il faut *absorber* la phase correspondante dans la définition de $|\bar{e}\rangle$ afin d'obtenir un Hamiltonien de couplage $\propto (\hat{J}_+ + \hat{J}_-)$, toujours par souci de revenir à la forme standard du modèle de Dicke.

Afin de comparer le membre de droite de l'inégalité précédente à l'amplitude du terme $\mathbf{A}^2$, rappelons maintenant la règle de somme de Thomas-Reiche-Kuhn (TRK) pour la force d'oscillateur des dipôles électriques. Considérons donc deux états propres quelconques d'un atome de la chaîne $|\sigma\rangle_j$ et $|\sigma'\rangle_j$, et appuyons-nous sur la relation $i\hbar\frac{\mathbf{p}_{i_j}}{m^*_{i_j}} = [\mathbf{r}_{i_j}, H_j]$, pour écrire [12] :

$$\langle\sigma|\sum_{i=1}^{\nu}\frac{q_i}{m^*_i}\mathbf{p}_i|\sigma'\rangle = -i(\omega_{\sigma'} - \omega_\sigma)\langle\sigma|\mathbf{d}|\sigma'\rangle$$

$$-i\sum_{i=1}^{\nu}\frac{1}{2m^*_i}\int_V \psi^*_\sigma(\mathbf{r}_{i_1}, ., \mathbf{r}_{i_\nu})\frac{\partial^2}{\partial^2\mathbf{r}_i}(\mathbf{d}\,\psi_{\sigma'}(\mathbf{r}_{i_1}, ., \mathbf{r}_{i_\nu}))d^\nu\mathbf{r}$$

$$+i\sum_{i=1}^{\nu}\frac{1}{2m^*_i}\int_V \mathbf{d}\,\psi_{\sigma'}(\mathbf{r}_{i_1}, ., \mathbf{r}_{i_\nu})\frac{\partial^2}{\partial^2\mathbf{r}_i}(\psi^*_\sigma(\mathbf{r}_{i_1}, ., \mathbf{r}_{i_\nu}))d^\nu\mathbf{r}, \quad (2.46)$$

où $\mathbf{d} = \sum_i^\nu q_i\mathbf{r}_i$ est, rappelons-le, l'opérateur dipolaire, et où $\psi_\sigma(\mathbf{r}_{i_1}, ., \mathbf{r}_{i_\nu})$ est la fonction d'onde de l'état $|\sigma\rangle$ qui dépend des positions des porteurs de charges $\mathbf{r}_{i_1}, ., \mathbf{r}_{i_\nu}$ dans l'atome. Dans l'égalité précédente, on a sciemment fait apparaître, aux deuxième et troisième ligne, deux termes dont la différence s'annule si les fonctions d'onde (ainsi que leurs dérivées premières et secondes) s'annulent aux bords du domaine d'intégration, comme nous pouvons le voir après une double intégration par parties. C'est évidemment le cas pour des atomes réels dont les fonctions d'onde et leurs dérivées doivent s'annuler à l'infini [13]. Nous verrons qu'une telle annulation n'est plus vraie dans le cas des Boîtes à pair de Cooper, dont les fonctions d'onde doivent être 2π-périodiques. Revenons alors à la règle de somme et à l'évaluation du terme $\mathbf{A}^2$. Ecrivons :

$$\sum_1^\nu\frac{q_i^2}{2m^*_i} = \frac{-i}{2\hbar}\langle g|[\sum_{i=1}^{\nu}q_i\mathbf{r}_i.\mathbf{u}, \sum_{i=1}^{\nu}\frac{q_i}{m^*_i}\mathbf{p}_i.\mathbf{u}^\star]|g\rangle. \quad (2.47)$$

où $\mathbf{u}$ est le vecteur unitaire qui porte le dipôle : $\mathbf{d}_{eg} = \langle e|\mathbf{d}|g\rangle = |\mathbf{d}_{eg}|\mathbf{u}$. En utilisant la relation de fermeture $\sum_\sigma|\sigma\rangle\langle\sigma| = 1$, (où les $|\sigma\rangle$ sont les états propres atomiques), et la relation (2.46), il vient :

---

12. Tous les atomes étant identiques, on peut omettre l'indice atomique j, pour alléger les notations.

13. Et sûrement même bien avant; car il est très improbable que les atomes et leurs électrons s'éloignent d'un certain domaine contenu dans la cavité.

$$\sum_{1}^{\nu} \frac{q_i^2}{2m_i^*} = \sum_{\sigma} \frac{(\omega_\sigma - \omega_{\mathrm{g}})}{\hbar} |\langle \mathrm{g}| \sum_{i=1}^{\nu} q_i \mathbf{r}_i.\mathbf{u}|\sigma\rangle|^2$$

$$\geq \frac{\omega_{\mathrm{eg}}}{\hbar} |\langle \mathrm{g}| \sum_{i=1}^{\nu} q_i \mathbf{r}_i.\mathbf{u}|\mathrm{e}\rangle|^2 = \frac{\omega_{\mathrm{eg}}}{\hbar} |\mathbf{d}_{\mathrm{e\,g}}|^2. \qquad (2.48)$$

En revenant alors à la définition du terme $\hat{\mathbf{A}}^2$, (Eq. (2.41)) et à l'inégalité (2.45), on obtient :

$$D \geq \frac{\Omega_0^2}{\omega_{\mathrm{eg}}}. \qquad (2.49)$$

L'inégalité $D \geq \Omega_0^2/\omega_{\mathrm{eg}}$ implique que $Det(\mathcal{M})$ ne s'annule jamais, et que le point critique disparaît (voir Figure 2.8c et d). Il est intéressant de noter que cette dernière inégalité est aussi ce qui empêche la transition de phase **classique** associée au modèle de Dicke. De manière générale, on distingue la transition de phase classique, qui se déroule à température finie, et qui naît d'une compétition entre l'agitation thermique, créatrice d'entropie, et l'ordre d'un système, de la transition de phase quantique qui se produit à température nulle et où l'agitation thermique est remplacée par les fluctuations quantiques [54] . Il avait été prédit, par l'analyse des fonctions de partition du modèle de Dicke, qu'un tel système pouvait subir une transition de phase classique [59]. Jusqu'à ce qu'une série de travaux en conteste la possibilité [60–63], en invoquant le terme $\hat{\mathbf{A}}^2$ et la règle de somme TRK, et en utilisant le formalisme de la physique statistique. Par une toute autre voie, nous avons donc démontré, sous des conditions assez générales, la disparition du point critique dans le modèle quantique. La raison profonde, comme montré par l' Eq. (2.62), provient de la relation entre le terme $\hat{\mathbf{A}}^2$ et la fréquence de Rabi du vide. En fait, le terme $\hat{\mathbf{A}}^2$ devient même prépondérant en régime de couplage ultrafort car ($\Omega_0/\omega_{\mathrm{eg}} \gg 1$ implique $D \gg \Omega_0$). Cette preuve d'impossibilité ne concerne pas le cas du couplage magnétique (i.e. avec un Hamiltonien d'interaction $\vec{\mu} \cdot \vec{B}$ entre des spins réels et un champ magnétique quantifié [63]), mais est valide dans le cas de transitions dipolaires électriques, pour un Hamiltonien indépendant du temps et sans interaction atome-atome.

Alors comment obtenir un système physique qui pourrait subir la transition de phase quantique superradiante ? Des auteurs [64] ont imaginé des situations où des interactions directes entre les systèmes à deux niveaux, en plus du couplage au mode bosonique, permettent de retrouver le point critique quantique en dépit de la présence du terme $\hat{\mathbf{A}}^2$. Une approche dynamique a aussi été proposée [65–67] dans laquelle un condensat de Bose-Einstein placé dans une cavité optique est *habillé* par le champ d'une pompe laser. Mais l'Hamiltonien de Dicke considéré n'est alors qu'un Hamiltonien *effectif*, obtenu dans le référentiel de la pompe, qui tourne à une vitesse angulaire égale à la pulsation propre du champ cohérent du laser. Dans ce contexte, les pseudo états fondamentaux, ne sont pas stables et émettent continuellement des photons Raman [68]. On pourra alors certes obtenir des discontinuités intéressantes dans les quantités de photons émis lorsque le couplage lumière-matière effectif s'approche du couplage critique [69], mais cela ne doit pas cacher le fait que les états stationnaires de ce système ouvert et soumis à une excitation continue et périodique ne sont pas des pures états propre du modèles de Dicke, mais des états hors-équilibre. En particulier, dans une telle configuration dynamique, il est impossible d'obtenir des superpositions stables et cohérentes des deux états fondamentaux qui caractérisent la phase surcritique. Alors même que cette perspective, comme nous le verrons, aurait un certain intérêt en information quantique. Ainsi, il est clair que des approches statiques qui pourraient permettre d'obtenir le modèle de Dicke sont à rechercher.

2.5   Contre-exemple en circuit QED

Nous montrons ici pourquoi les contraintes fondamentales qui empêchent la transition de phase quantique superradiante en cavity QED ne s'appliquent pas nécessairement en circuit QED. En fait, comme nous l'avons vu dans le premier chapitre, dans le cas des atomes artificiels Josephson, l'opérateur de phase $\hat{\delta}$ et l'opérateur de nombre $\hat{n}$ jouent un rôle analogue aux opérateurs de position et d'impulsion des électrons d'un atome réel. Lorsque l'atome artificiel est connecté à un résonateur, certains de ses degrés de liberté sont alors couplés au champ. L'analogue du couplage dipolaire électrique est donné en circuit QED par le couplage capacitif où les charges de l'atome artificiel sont couplées au champ quantique de tension du résonateur. Ce rapprochement repose d'ailleurs tant sur la nature physique commune de l'interaction dans ces deux couplages, que sur une similitude formelle. En effet, le terme d'interaction dipolaire électrique s'obtient grâce au couplage minimal standard qui va donner lieu, comme nous l'avons vu en section 2.4 de ce chapitre, à un terme d'interaction atome-champ quadratique : $(\mathbf{p} - \hat{\mathbf{A}})^2/(2m_0)$. Et nous avions vu

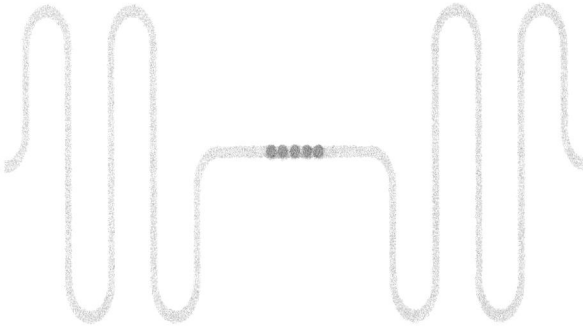

FIGURE 2.7 – Schéma du système considéré : N Boîtes à paires de Cooper couplées capacitivement à un résonateur. Les fonctions d'onde des états électroniques de chaque atome sont périodiques.

au chapitre précédent, que l'Hamiltonien d'interaction du couplage capacitif en circuit QED prenait lui aussi une forme quadratique : $4E_C(\hat{n} - \hat{n}_{ext})^2$ où $\hat{n}_{ext}$ contient la charge injectée par le résonateur sur l'île supraconductrice du qubit, qui est égale à $C_g\hat{V}/(2e)$, avec $\hat{V}$ le champ de tension quantique du résonateur [14].

Considérons alors une chaîne de Boîtes à paires de Cooper connectées à une ligne de transmission supraconductrice. Un schéma du système est donné en figure 2.7. Le choix de la Boîte à paires de Cooper est d'abord guidé par la nécessité d'avoir des atomes que l'on peut très bien approximer par des systèmes à deux niveaux. Par souci de simplicité, nous placerons ces atomes au centre du résonateur, dans une région suffisament peu large pour que les variations spatiales du 2 ème mode de tension [15] auquel ils seront couplés soient négligeables. Sous ces hypothèses, très similaires à celles de la section 2.4, le champ de tension s'écrit $\hat{V} = \mathcal{V}(\hat{a} + \hat{a}^\dagger)$ où $\hat{a}$ et $\hat{a}^\dagger$ sont les opérateurs d'annihilation et de création du champ du résonateur (voir chapitre 1). Appuyons-nous alors sur la dérivation [15] de l'Hamiltonien d'une Boîte à paires de Cooper unique soumise, par l'entremise d'une capacité C_g, à la fois à une tension de porte continue et statique V_g et à la tension quantique du résonateur $\hat{V}$. Générali-

---

14. Nous discuterons de la validité du terme $4E_C(\hat{n} - \hat{n}_{ext})^2$ à la fin de ce chapitre.
15. Voir figure 20 du chapitre 1

sons ce calcul à notre système qui contient N Boîtes à paires de Cooper. Nous trouvons alors l'Hamiltonien quantique suivant :

$$\hat{H} = \hbar \omega_{\text{res}} \hat{a}^\dagger \hat{a} \tag{2.50}$$

$$+ \sum_{j=1}^{N} \left\{ \sum_{n \in \mathbb{Z}} 4E_c(n - (\hat{n}_{ext})_j)^2 |n\rangle\langle n|_j - \frac{E_J}{2}(|n+1\rangle\langle n| + |n\rangle\langle n+1|)_j \right\}$$

où $E_c = \frac{e^2}{2(C_J + C_g)}$ est l'énergie de charge, E_J est l'énergie Josephson réglable (par l'utilisation d'une squid). Rappelons que dans le régime de la Boîte à paires de Cooper, et contrairement au transmon, E_C est grande devant E_J. Enfin, la charge en excès sur l'île supraconductrice de la j^{eme} Boîte à paires de Cooper est $(\hat{n}_{ext})_j = \frac{C_g}{2e}(V_g + \hat{V})_j$.

Nous considérons ici le cas idéal de Boîtes à paires de Cooper identiques et telles que $n_g^j = \frac{C_g}{2e}(V_g)_j = \frac{1}{2} \; \forall j = 1..N$. Pour chaque atome artificiel, le système à deux niveaux est constitué des deux premiers états propres qui sont combinaisons linéaires des états de charge $|n=0\rangle$ et $|n=1\rangle$. Pour $n_g = 1/2$, ils sont égaux à $|\bar{g}\rangle = \frac{1}{\sqrt{2}}(|n=0\rangle + |n=1\rangle)$ et $|\bar{e}\rangle = \frac{1}{\sqrt{2}}(|n=0\rangle - |n=1\rangle)$, tandis que l'énergie de transition correspondante vaut $E_J = \hbar\omega_J$. Puisque $(\hat{n} - \hat{n}_{ext})^2 = (\hat{n} - n_g)^2 - 2\frac{C_g}{2e}(\hat{n} - n_g)\hat{V} + (\frac{C_g}{2e}\hat{V})^2$, il est clair que $(\hat{n} - n_g)$ est analogue à l'impulsion de l'électron, $(\hat{n} - n_g)\hat{V}$ est le pendant du terme de couplage $\mathbf{p} \cdot \hat{\mathbf{A}}$, tandis que $\hat{V}^2$ est l'équivalent du terme $\hat{\mathbf{A}}^2$. L'interaction entre le champ quantique du résonateur et les charges des Boîtes à paires de Cooper est très similaire au terme d'interaction dans l' Eq. (2.38) :

$$\hat{H}_{coupl} = 4E_c \frac{C_g}{2e} \mathcal{V}(\hat{a} + \hat{a}^\dagger) \sum_{j=1}^{N} \left(|\bar{e}\rangle \langle \bar{g}|\right)_j + \text{h.c.} = \hbar \frac{\bar{\Omega}_0}{\sqrt{N}}(\hat{a} + \hat{a}^\dagger)(\hat{J}_+ + \hat{J}_-). \tag{2.51}$$

où la fréquence de Rabi du vide $\bar{\Omega}_0$ vaut :

$$\bar{\Omega}_0 = \frac{4E_c}{\hbar}(\frac{C_g}{2e})\sqrt{N}\mathcal{V}. \tag{2.52}$$

L'Hamiltonien du terme $\hat{V}^2$ donne quant à lui :

$$\hat{H}_{V^2} = \sum_{j=1}^{N} 4E_c(\frac{C_g}{2e})^2 \mathcal{V}^2(\hat{a} + \hat{a}^\dagger)^2 = \hbar\bar{D}(\hat{a} + \hat{a}^\dagger)^2. \tag{2.53}$$

La somme des Hamiltoniens atomiques s'écrit $\hat{H}_{CPB} = \sum_j \hbar(\omega_J/2)(|\bar{e}\rangle \langle\bar{e}|_j - |\bar{g}\rangle\langle\bar{g}|_j) = \hbar\omega_J \hat{J}_z$ si bien que l'Hamiltonien du système complet $\hat{\bar{H}} = \bar{H}_{\text{res}} +$

$\bar{H}_{CPB} + \bar{H}_{coupl} + \bar{H}_{V^2}$, s'écrit :

$$\hat{H}/\hbar = \omega_{res}\hat{a}^\dagger\hat{a} \, + \, \bar{D}(\hat{a} + \hat{a}^\dagger)^2 \, + \, \omega_J\hat{J}_z \, + \, \frac{\Omega_0}{\sqrt{N}}(\hat{a} + \hat{a}^\dagger)(\hat{J}_+ + \hat{J}_-). \quad (2.54)$$

En fait, cet Hamiltonien a une forme identique à celle de l'Hamiltonien A.1 : il s'agit d'un modèle spin-boson avec terme quadratique pour le photon.

Mais il y a une différence fondamentale qui est cruciale pour l'existence d'un point critique : la relation entre la fréquence de Rabi du vide $\bar{\Omega}_0$ et le terme $\bar{D}$ qui provient du carré du champ du résonateur. En fait, nous avons ici

$$\bar{D} = \frac{\bar{\Omega}_0^2}{\omega_J}\frac{E_J}{4E_c}. \quad (2.55)$$

Ainsi, contrairement au cas de la cavity QED, $\bar{D}$ peut être rendu plus petit que $\frac{\bar{\Omega}_0^2}{\omega_J}$, rendant possible l'annulation du déterminant de la matrice de Hopfield-Bogoliubov $\bar{\mathcal{M}}$ associée à la phase normale : $Det(\bar{\mathcal{M}}) = \omega_J\omega_{res}(\omega_J(4\bar{D} + \omega) - 4\bar{\Omega}_0^2)$(cf 2.44). En particuier, si $\frac{E_J}{4E_c} \ll 1$ [16] alors $0 < \bar{D} \ll \frac{\bar{\Omega}_0^2}{\omega_J}$. Dans un tel cas, le point critique est déplacé par le terme $\bar{D}$, mais il existe toujours et le couplage critique auquel il se situe est donné par

$$\bar{\Omega}_0^{cr} = \frac{\sqrt{\omega_{res}\omega_J}}{2\sqrt{1 - \frac{E_J}{4E_c}}}. \quad (2.56)$$

Nous pouvons alors procéder comme en section 2.2 de ce chapitre pour calculer les modes normaux pour toute valeur du couplage lumière-matière (voir l'Annexe). Nous les montrons en figure 2.8, pour quatre valeurs différentes du rapport $D\omega_{eg}/\Omega_0^2$, qui résument les 4 scenari possibles. Seuls les deux situations du bas de la figure ($D \geq \Omega_0^2/\omega_{eg}$) sont accessibles aux systèmes statiques de cavity QED, alors que les deux cas du haut peuvent être obtenus en circuit QED avec le système que nous proposons.

---

16. La limite $\frac{E_J}{4E_c} \ll 1$ est aussi celle où l'approximation du système à deux niveaux dans la Boîte à paires de Cooper est excellente.

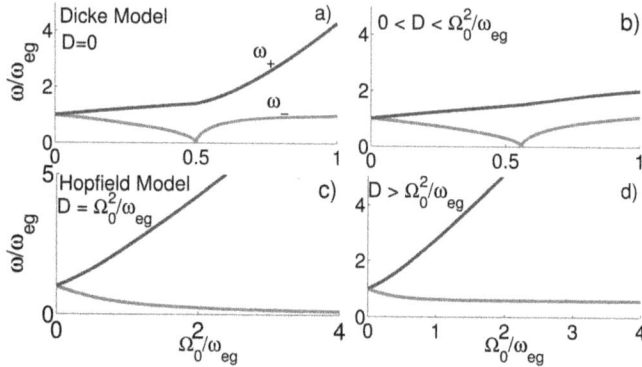

FIGURE 2.8 – **Fréquences normalisées des deux branches d'excitation collective bosonique dans la limite thermodynamique.** Nous avons calculé les deux modes collectifs ω_+ (ligne bleue, en haut) et ω_- (ligne rouge, en bas) en fonction de la fréquence de Rabi normalisée à résonance. Pour les deux systèmes considérés (voir figure 2.6 et 2.7), la forme de l'Hamiltonien est la même (voir Eq. A.1 et Eq. 2.54) et dépend de la fréquence de la cavité, appelée ω (resp. ω_{res}) dans le système de cavity QED (resp. circuit QED), de la fréquence de transition atomique ω_{eg} (resp. ω_J), de la fréquence de Rabi du vide collective Ω_0 (resp. $\bar{\Omega}_0$) et enfin de l'amplitude du temre diamagnétique D (resp. $\bar{D}$) correspondant au carré du champ de la cavité (resp. du résonateur). Les excitations ω_+ et ω_- sont très sensibles aux relations entre Ω_0 et D, avec quatre cas possibles : **(a)** $D = 0$ (pas de terme proportionnel au carré du champ de la cavité) : c'est le modèle de Dicke. Selon le théorème No-Go, cette limite ne peut pas être obtenue en cavity QED avec des atomes couplés par interaction dipolaire électrique (si l'on n'applique pas de champs dépendants du temps). **(b)** $0 < D < \Omega_0^2/\omega_{eg}$. Dans ce cas, la transition de phase quantique superradiante est toujours possible mais avec un point critique quantique *déplacé*. Ce cas n'est pas accessible aux systèmes de cavity QED, mais peut être obtenu avec des Boîtes à paires de Cooper en circuit QED. Dans la simulation, $D = 0.2\,\Omega_0^2/\omega_{eg}$. **(c)** $D = \Omega_0^2/\omega_{eg}$. Le point critique disparaît et $\omega_- \to 0$ pour $\Omega_0 \to +\infty$. Cela correspond au modèle de Hopfield. Cette situation arrive en cavity QED si le dipôle électrique de la transition prend toute la force d'oscillateur. **(d)** $D > \Omega_0^2/\omega_{eg}$: la fréquence ω_- est finie même dans la limite de couplage ultrafort.

2.6 Le rôle de la topologie dans la violation de la règle de somme TRK

2.6.1 La topologie 2π périodique des Boîtes à Paires de Cooper

D'où provient la différence entre les systèmes de cavity QED et de circuit QED étudiés ? On pourrait se dire, puisque $[\hat{\delta}, \hat{n}] = i$, et puisque le couplage capacitif $4E_C(\hat{n} - \hat{n}_{ext})^2$ a la même forme quadratique que le couplage minimal standard $(\mathbf{p} - \hat{\mathbf{A}})^2/(2m_0)$, nous avons a priori tous les *ingrédients algébriques* pour effectuer les mêmes démonstrations dans les deux cas. En fait, les fonctions d'onde de la Boîte à paires de Cooper ont une topologie différente de celles des atomes réels. Dans le cas des atomes réels, les fonctions d'onde des états physiques doivent donc s'annuler aux bords du domaine où sont regroupés les atomes dans la cavité : en effet, la probabilité qu'un électron d'un atome soit à l'extérieur de la cavité est bien nulle. Et le commutateur entre l'opérateur de position et l'opérateur d'impulsion est proportionnel à l'identité : $[x, p_x] = i\hbar$. A l'inverse, dans le cas de la Boîte à pair de Cooper, la charge est quantifiée et les fonctions d'onde sont périodiques par rapport à δ, la différence de phase le long de la jonction. Dans la représentation de phase, les fonctions d'onde des états de la Boîte à paires de Cooper sont telles que $\Psi_{CPB}(\delta + 2\pi) = \Psi_{CPB}(\delta)$. Ce sont des superpositions linéaires des états de charge $\{|n\rangle\}_{n\in\mathbb{Z}}$ dont les fonctions d'onde sont $\Psi_n(\delta) = \frac{1}{\sqrt{2\pi}}e^{in\delta}$. En d'autres mots, il y a une topologie circulaire qui change les règles algébriques de l'espace de Hilbert dans lequel les états physiques 'vivent'. En particulier, le commutateur entre l'opérateur de phase $\hat{\delta}$ (analogue à la position) et l'opérateur de nombre de charges $\hat{n} = -i\frac{\partial}{\partial\delta}$ (analogue à l'impulsion) n'est *pas toujours* proportionnel à l'identité. Par exemple, dans l'équation (2.46), les deuxièmes et troisièmes lignes ne s'annulent plus pour des fonctions d'ondes de la forme $\frac{1}{\sqrt{2\pi}}e^{in\delta}$, $n \in \mathbb{Z}$. Or, c'est bien la règle de somme TRK qui implique $D \geq \Omega_0^2/\omega_{eg}$ dans le cas des atomes réels. Dans le cas des Boîtes à paires de Cooper, on a en fait montrer que si l'on prend une grande énergie de charge E_C, il est possible de fortement briser la règle de somme : $(\bar{D} \ll \bar{\Omega}_0^2/\omega_J)$ et de permettre ainsi l'existence d'un point critique. En fait la violation de la règle de somme TRK a déjà été étudiée dans le contexte des rotateurs quantiques rigides [70] qui ont une topologie différente de celle des atomes réels, mais similaire à la Boîte à paires de Cooper.

2.6.2 Une chaîne de Fluxoniums couplés capacitivement à un résonateur.

Pour voir l'influence de la topologie des fonctions d'onde des états atomiques, imaginons qu'à la place des Boîtes à paires de Cooper, nous utilisions des Fluxoniums. L'équivalent de l'Hamiltonien (2.50) serait alors :

$$\hat{H} = \hbar\omega_{res}\hat{a}^\dagger\hat{a} + \sum_{j=1}^{N} 4E_C(\hat{n}_j - \hat{n}_{ext}^j)^2 + \frac{E_L}{2}\hat{\varphi}_j^2 - E_J\cos(\hat{\varphi}_j - \frac{2\pi}{\Phi_0}\Phi_{ext}^j) \quad (2.57)$$

où $\hat{\varphi} = \frac{2\pi}{\Phi_0}\hat{\phi}_j$ est la variable quantique de flux réduit et $\hat{\phi}_j$ le flux de branche le long de l'inductance du j^{eme} Fluxonium (voir chapitre 1 sur le RF SQUID). E_C l'énergie de charge est juste donnée par $e^2/(2C_J)$, avec C_J la capacité de la jonction Josephson (supposée égale pour tous les Fluxoniums). Comme pour les Boîtes à paires de Coopers, qui étaient réglées au *sweet spot* grâce à une tension de charge V_g, utilisons un flux magnétique Φ_{ext}^j dans la boucle qui compose les Fluxoniums afin qu'ils soient tous eux aussi au *sweet spot* : $\Phi_{ext}^j = \Phi_0/2 \ \forall j = 1..N$. Nous n'avons d'ailleurs plus besoin de tension de porte V_g , et $\hat{n}_{ext}^j$ est juste donnée par la charge injectée par la tension quantique du résonateur : $\hat{n}_{ext}^j = C_g\hat{V}/(2e) = (C_g\mathcal{V}/(2e))(\hat{a} + \hat{a}^\dagger)$, dont on suppose qu'elle est uniforme sur tous les Fluxoniums, moyennant les mêmes hypothèses que plus haut. En développant les carrés $(\hat{n}_j - \hat{n}_{ext}^j)^2$ pour $j = 1..N$, on obtient une contribution à l'énergie atomique $4E_C\hat{n}_j^2$, un terme de couplage $-8E_C\hat{n}_j.\hat{n}_{ext}$ et un terme diamagnétique $4E_C\hat{n}_{ext}^2$ dont la somme sur tous les atomes donne exactement le même terme $\hat{V}^2$ que pour les Boîtes à paires de Cooper (voir Eq. 2.53). Avce les paramètres usuels des Fluxoniums, $E_L \ll E_C, E_J$ et $E_J/E_C \sim 3$, chaque Fluxonium au point de dégénérescence se conduit à peu près comme un système à deux niveaux (voir chapitre précédent), si bien que la somme des Hamiltoniens atomiques s'écrit dans ce cas :

$$\sum_{j=1}^{N} \hat{H}_{at}^j = \sum_{j=1}^{N} 4E_C(\hat{n}_j)^2 + \frac{E_L}{2}\hat{\varphi}_j^2 + E_J\cos(\hat{\varphi}_j)$$

$$\simeq \frac{\omega_F}{2}\sum_{j=1}^{N}(|e\rangle\langle e|_j - |g\rangle\langle g|_j). \quad (2.58)$$

où ω_F est la fréquence de transition atomique du Fluxonium, et où pour chaque atome, les deux états $|g\rangle$ et $|e\rangle$ sont les combinaisons symétriques et anti-symétriques des états de courants persistants $|L\rangle$ et $|R\rangle$. $|L\rangle$ a comme fonction d'onde la gaussienne au fond du puits de gauche, et $|R\rangle$ la gaussienne au fonds du puits de droite. Comme le montre la figure 13 du chapitre précédent, ces puits sont symétriques par rapport à $\varphi = 0$ et placés en $\varphi = \pm\varphi_{01}$ où φ_{01} est une constante numérique proche de π pour peu que $E_L \ll E_J$, ce que l'on a supposé. Alors on peut écrire $|g\rangle = (1/\sqrt{2})(|L\rangle + |R\rangle)$ et $|e\rangle = (-i/\sqrt{2})(|L\rangle - |R\rangle)$, où l'on introduit une phase $-i$ sur l'état $|e\rangle$ pour pouvoir obtenir un Hamiltonien de couplage sous la même forme que celle étudiée jusqu'ici. Ainsi, on a $\hat{n}_j = (-i/(8E_C))[\hat{\varphi}_j, \hat{H}_{at}^j] \simeq -\hbar\omega_F\varphi_{01}/(8E_C)(|g\rangle\langle e|_j + |e\rangle\langle g|_j)$ [17]. L'Hamiltonien d'interaction s'écrit dans ce cas :

$$\hat{H}_{coupl} = \hbar\frac{\bar{\bar{\Omega}}_0}{\sqrt{N}}(\hat{a} + \hat{a}^\dagger)(\hat{J}_+ + \hat{J}_-). \tag{2.59}$$

où la fréquence de Rabi du vide $\bar{\bar{\Omega}}_0$ vaut ici :

$$\bar{\bar{\Omega}}_0 = \omega_F\varphi_{01}\left(\frac{C_g}{2e}\right)\sqrt{N}\mathcal{V}. \tag{2.60}$$

Or, cette fois-ci on peut utiliser la règle de somme sans craintes puisque les fonctions d'onde des états $|g\rangle$ et $|e\rangle$ s'annulent en $\varphi = \pm\infty$. On trouve alors [18] :

$$\omega_F\varphi_{01}^2 \leq 4E_C \tag{2.61}$$

Ce qui implique

$$D \geq \frac{\bar{\bar{\Omega}}_0^2}{\omega_F}. \tag{2.62}$$

et l'impossibilité de la transition de phase quantique. Ce calcul montre donc que si l'on part d'un Hamiltonien quadratique (voir Eq 2.50 et Eq (2.57), la topologie des fonctions d'onde atomiques est ce qui permet ou empêche la transition de phase quantique superradiante.

2.7 Mais que vaut le terme $\hat{A}^2$? Dérivation des circuits quantiques équivalents

Dans les Hamiltoniens (2.50) et (2.57), nous nous sommes fondés sur la forme quadratique du couplage capacitif qui fait consensus [15]. Or, nous avons

---

17. en se restreignant, comme précédemment aux deux niveaux $|g\rangle$ et $|e\rangle$, en utilisant $[\hat{\varphi}, \hat{n}] = i$ et enfin, en écrivant que $\langle g|\hat{\varphi}|e\rangle = i\varphi_{01}$.
18. $1 = -i\{\sum_{|\sigma\rangle}\langle g|\hat{\varphi}|\sigma\rangle\langle\sigma|\hat{n}|g\rangle - \langle g|\hat{n}|\sigma\rangle\langle\sigma|\hat{\varphi}|g\rangle\} = 1/(4E_C)\sum_{|\sigma\rangle}(\omega_\sigma - \omega_g)|\langle g|\hat{\varphi}|\sigma\rangle|^2 \geq 1/(4E_C)(\omega_F)\varphi_{01}^2$

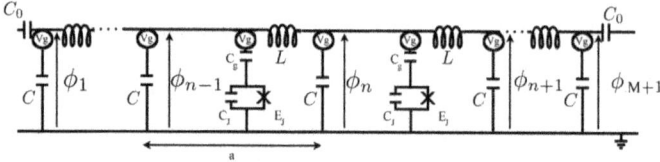

FIGURE 2.9 – Schéma du système considéré : N Boîtes à paires de Cooper couplées capacitivement à un résonateur par l'intermédiaire de capacités C_g. Une tension continue V_g déplace le potentiel sur toute la ligne de transmission. Les N Boîtes à paires de Cooper sont périodiquement espacées d'une longueur a. On peut alors modéliser ce résonateur par une série de M mailles de longueur a comprenant une capacité $C = ac$ qui relie la ligne de transmission centrale à la masse, et une inductance appartenant à la bande centrale $L = al$ où l (resp. c) est l'inductance (resp. la capacité) par unité de longueur. Les N Boîtes à paires de Cooper s'étendent sur une largeur $d' = Na \ll d = Ma$, où d est la longueur totale du résonateur. On fait par ailleurs l'hypothèse simplificatrice que a est suffisamment grand pour que $C \gg C_g, C_J$.

vu (voir par exemple note de bas de page n°3 du chapitre précédent) que la transformation de Legendre, quand elle était convenablement effectuée dans le calcul de l'Hamiltonien du circuit, modifiait légèrement le terme quadratique en tension. Ainsi, ne pourrions-nous pas effectuer une dérivation complète des circuits électriques équivalents, en reprenant le protocole introduit au chapitre précédent ? Le schéma électrique équivalent de la chaîne de Boîtes à paires de Cooper couplées capacitivement à un résonateur est donné en figure 2.9. Nous détaillons le calcul de l'Hamiltonien de ce circuit en Annexe. Il révèle que sous les conditions évoquées dans la légende de la figure 2.9, le terme $\hat{\mathbf{A}}^2$ est en fait différent de celui qui émerge du terme de couplage utilisé jusqu'à présent $4E_C(\hat{n} - \hat{n}_{ext})^2$. Heureusement, pour les Boîtes à paires de Cooper, dans la limite où l'énergie Josephson E_J est petite devant l'énergie de charge E_C, qui est la limite de validité de l'approximation des systèmes à deux niveaux, le terme $\hat{\mathbf{A}}^2$ tend vers 0 dans les deux calculs, ne remettant pas en cause nos conclusions précédentes.

En revanche, pour le circuit équivalent à la chaîne de Fluxoniums couplés capacitivement, le calcul de l'Hamiltonien (aussi effectué en Annexe) aboutit à une différence qualitative importante avec la dérivation de la section 2.6.2 :

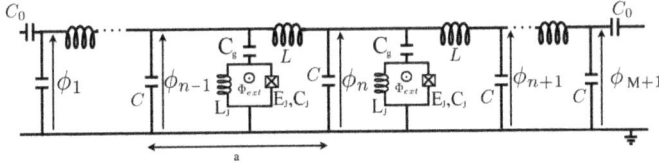

FIGURE 2.10 – Schéma du système considéré : N Fluxoniums couplés capacitivement à un résonateur. La distance inter-atomique est suffisamment grande pour que $C \gg C_g, C_J$ où $C = ac$ est la capacité du résonateur dans chaque maille. Par ailleurs, on fait l'hypothèse que la longueur sur laquelle s'étend la chaîne de N Fluxoniums est très faible devant la longueur du résonateur, afin de négliger les variations spatiales du mode de tension du champ auquel les Fluxoniums sont couplés.

il rendrait la transition de phase quantique superradiante ...possible !

2.8 Discussion

Nous avons prouvé que la transition de phase quantique superradiante ne pouvait pas être observée avec des atomes réels couplés par interaction dipolaire électrique au champ du vide d'une cavité, sans pompe laser habillant le système ni interaction directe atome-atome. La preuve établie, fondée sur la règle de somme TRK, ne s'applique pas à l'Hamiltonien quadratique standard [15] d'une chaîne de Boîtes à paires de Cooper couplées capacitivement à un résonateur. Car en dépit des similitudes formelles, la topologie 2π périodique des fonctions d'onde des Boîtes à paires de Cooper permet de briser cette règle de somme. Partant de la même forme quadratique du couplage capacitif, on a vu qu'une chaîne de Fluxoniums, dont la topologie des fonctions d'onde est analogue à celle des atomes réels (nullité aux bords), se heurterait aussi au théorème no-go. Nous avons enfin comparé ces conclusions à celles issues d'un calcul complet de l'Hamiltonien de circuit équivalent. Ce calcul révèle alors que le terme $\hat{A}^2$ est surestimé lorsque l'on part de la forme quadratique effective $4E_C(\hat{n} - \hat{n}_{ext})^2$, et que la transition de phase quantique superradiante serait en fait possible aussi avec des Fluxoniums. Malheureusement, pour les couplages explorés jusqu'à présent (inférieurs à 3% de la fréquence de transition pour le couplage capacitif), le terme quadratique du champ était trop petit pour pouvoir permettre d'invalider la deuxième forme au profit de la première. Dans le cas des Boîtes à paires de Cooper, les résultats convergent vers la même conclusion et prédisent que la transition de phase est possible. Si la topologie des fonctions d'onde n'est pas en cause, qu'est-ce qui rendrait possible en circuit QED, ce qui est impossible en cavity QED ? Plusieurs réponses sont possibles. Tout d'abord, nous devons bien voir que dans les deux cas de circuit QED (boîtes à paires de Cooper et Fluxoniums), les charges impliquées dans la transition électrique excitée par la tension quantique $\hat{V}$ du résonateur, se déplacent au travers de la jonction Josephson. Elles vont de la bande électriquement à la masse ($\hat{V} = 0$), qui est un réservoir d'électrons, jusqu'à la bande centrale, où le champ de la cavité est non nul. Ainsi, le système en circuit QED est localement ouvert contrairement au système de cavity QED ! Ceci pourrait être une première explication. Une autre explication pourrait provenir simplement du fait que les variables quantiques des circuits sont des variables macroscopiques, et en particulier ce que nous appelons *photons* dans les résonateurs sont des excitations collectives déjà habillées et qu'il n'y a aucune raison qu'elles soient soumises aux mêmes contraintes que les photons du vide d'une cavité. Très récemment, des auteurs [71] ont remis en question la *description standard* de la circuit QED dans le régime de couplage ultrafort et dans la limite d'un grand nombre de Boîtes à paires de Cooper. Néanmoins, nous pensons [72] que leur travail est une conjecture qui n'est pas démontrée. Dans tous les cas, l'étude expérimentale des systèmes étudiés dans ce chapitre aurait un grand intérêt non seulement pour mettre en évidence le point critique du modèle de Dicke, mais aussi pour vérifier la solidité des fondements théoriques de la description standard [15] des Hamiltoniens de circuits quantiques.

Chapitre 3

Couplage inductif d'une chaîne de Fluxoniums à un résonateur supraconducteur

Dans ce chapitre, nous proposons un autre circuit où l'on pourrait observer la transition de phase quantique superradiante. Les atomes artificiels de ce système sont couplés inductivement au résonateur, ce qui permet non seulement de s'affranchir des contraintes du terme diamagnétique (analogue au terme $\hat{\mathbf{A}}^2$), mais aussi d'atteindre une très grande amplitude de couplage lumière-matière par atome. Nous calculons alors le spectre du système de taille finie, avec un ou plusieurs modes bosoniques, et un couplage uniforme ou sinusoïdal. La dégénérescence dans le cas d'un petit nombre d'atomes est levée et nous prouvons que l'écart entre les deux premiers niveaux décroît comme $exp\{-\beta(N)g^2\}$ où g est le couplage par atome et $\beta(N)$ est une fonction quadratique de N. Nous calculons aussi la forme des deux *vides* du sous-espace fondamental quasi-dégénéré. Nous établissons au passage une correspondance entre ces deux vides et ceux du modèle de Lipkin. Nous montrons enfin que la quasi-dégénérescence est protégée de certains types de fluctuations locales.

Ce chapitre reprend les résultats publiés dans l'article [73].

3.1 Chaîne de Fluxoniums couplés inductivement à un résonateur distribué

Un schéma électrique du système proposé est donné dans la figure 3.1 : il s'agit d'une chaîne de N atomes artificiels à deux niveaux, identiques et intégrés à une ligne de transmission résonante. Chaque atome artificiel est un 'Fluxonium' [33], composé d'une jonction Josephson, d'inductances et soumis à un champ magnétique Φ_{ext} traversant sa boucle. Nous avons vu à la section 1.4.2 qu'il existait un régime de paramètres dans lequel l'approximation à deux niveaux était excellente. Nous proposons ici de coupler chaque Fluxonium au résonateur de manière inductive, car l'on sait qu'un tel couplage est susceptible de produire une très grande interaction lumière-matière [46] (voir section 1.6.2). Grâce à deux inductances réglables in-situ, L_1 et L_2, on construit un diviseur d'intensité qui permettra de dévier plus ou moins de courant du résonateur vers l'atome, et de créer une modulation du couplage lumière-matière.

Par ailleurs, les Fluxoniums sont régulièrement espacés (a : distance inter-atomique) et placés d'un bout à l'autre du résonateur dont la longueur d est égale à Na. Comme au chapitre précédent, le résonateur peut alors être modé-lisé par une série de mailles comprenant chacune une capacité $C_r = ac_r$ reliant la bande centrale à la masse et une inductance $L_r = al_r$ le long de la bande centrale, où c_r (resp. l_r) est la capacitance (resp. l'inductance) par unités de longueur du résonateur. L'indice r désigne le résonateur, et a été introduit par souci de clarté car il y aura dans ce modèle un peu plus de variables que dans les précédents. On commence par établir le set de flux de branches indépen-dants en fonction duquel nous écrirons le Lagrangien du système. Choisissons d'abord les $N+1$ flux de branches ϕ_r^n, $n = 0...N$ le long des capacités C_r de chaque maille du résonateur. Puis, dans chaque Fluxonium (en bleu dans la figure 3.1), prenons le flux ϕ_J aux bornes de la capacité en parallèle de la jonction, ce qui rajoute N autres flux de branches ϕ_J^j, pour $j = 1...N$ (l'indice j désignant le site de chaque Fluxonium). Il est par ailleurs commode d'intro-duire un flux ϕ_x^j entre les points A et B (voir figure 3.1) dans chaque maille ($j = 1...N$). Comme la somme algébrique des courants passant par chaque inductance s'annule au point A (loi des noeuds), on peut réexprimer ce flux en fonction des autres flux de branches dans la maille j :

$$\frac{\phi_x^j}{L_1} + \frac{(\phi_x^j - \phi_J^j)}{L_2} = \frac{(\phi_r^{j-1} - \phi_r^j) - \phi_x^j}{L_r},$$

ce qui donne :

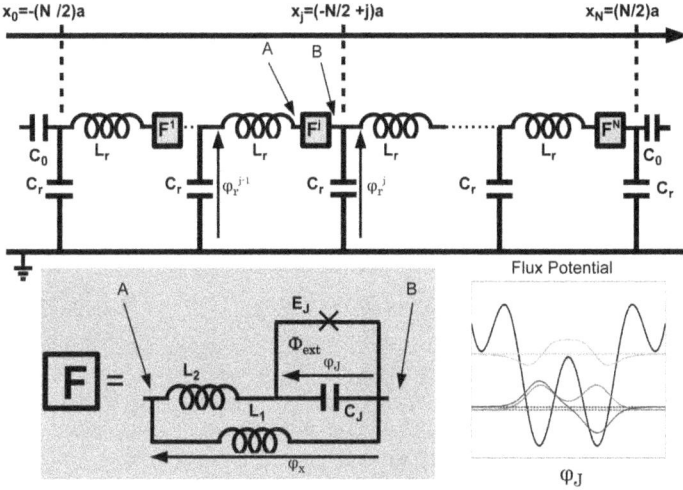

FIGURE 3.1 – Chaîne de N atomes artificiels Josephson (F pour Fluxonium
[33] en bleu) inductivement [46] couplés à un résonateur distribué. Le couplage
s'effectue *via* un diviseur de courant fait de deux inductances réglables L_1 et L_2,
ce qui permet une modulation locale de l'interaction lumière-matière. Lorsque
le flux magnétique extérieur Φ_{ext} vaut un demi-quantum de flux ($\Phi_{ext} = \Phi_0/2$),
le potentiel du Fluxonium adopte une structure en double-puits avec deux
états $|0\rangle$ et $|1\rangle$ qui sont les combinaisons symétriques et anti-symétriques des
états de courants persistants localisés dans chaque puits (fonctions d'onde en
rouge pour $|0\rangle$ et en bleu pour $|1\rangle$). Lorsque l'énergie Josephson E_J est grande
devant E_{C_J} et E_{L_J} (ici $E_J/E_{C_J} = 3$, $E_J/E_{L_J} = 20$), l'écart énergétique entre
le troisième niveau (en vert) et le deuxième est très supérieur au *splitting* entre
$|0\rangle$ et $|1\rangle$ qui est noté $\hbar\omega_F$. Ces systèmes à deux niveaux, régulièrement espacés
(a : distance inter-atomique) sont placés d'un bout à l'autre du résonateur
dont la longueur d est égale à Na. Le résonateur est alors modélisé par une
série de mailles comprenant chacune une capacité $C_r = ac_r$ et une inductance
$L_r = al_r$, où c_r (resp. l_r) est la capacitance (resp. l'inductance) par unités de
longueur du résonateur.

$$\phi_x^j = \frac{L_1 L_2}{L_1 L_2 + L_1 L_r + L_r L_2}(\phi_r^{j-1} - \phi_r^j) + \frac{L_1 L_r}{L_1 L_2 + L_1 L_r + L_r L_2}\phi_J^j. \quad (3.1)$$

On peut alors écrire le Lagrangien du système en fonction des $2N+1$ flux de branches $\phi_r^0, \phi_r^1, ..., \phi_r^N, \phi_J^1, \phi_J^2, ..., \phi_J^N$:

$$\mathcal{L} = \frac{C_r}{2}(\dot\phi_r^0)^2 + \sum_{j=1}^{N}\big\{ \frac{C_r}{2}(\dot\phi_r^j)^2 - \frac{(\phi_r^j - \phi_r^{j-1} - \phi_x^j)^2}{2L_r} + \frac{C_J}{2}(\dot\phi_J^j)^2$$

$$- \frac{(\phi_x^j)^2}{2L_1} - \frac{(\phi_x^j - \phi_J^j)^2}{2L_2} + E_J \cos(\frac{2\pi}{\Phi_0}[\phi_J^j + \Phi_{ext}^j])\big\} \quad (3.2)$$

où Φ_{ext}^j est le flux magnétique traversant la boucle du j^{eme} Fluxonium et où ϕ_x^j est une superposition linéaire des champs ϕ_r^{j-1}, ϕ_r^j et ϕ_J^j , définie de façon explicite dans la formule 3.1, et utilisée sous cette forme pour alléger l'écriture du Lagrangien précédent. En prenant un champ magnétique extérieur identique pour tous les Fluxoniums et égal à un demi quantum de flux magnétique élémentaire $\Phi_{ext}^j = \frac{\Phi_0}{2} = \pi \frac{\hbar}{2e} \; \forall j = 1...N$, en effectuant la transformation de Legendre, et la quantification des variables conjuguées, on peut mettre l'Hamiltonien du système sous la forme $\hat{H} = \hat{H}_{res} + \hat{H}_F + \hat{H}_{coupl}$. Chacun de ces Hamiltoniens est alors défini comme :

$$\hat{H}_{res} = \sum_{j=1}^{N} 4E_{C_r}(\hat{N_r}^j)^2 + E_{L_r}\frac{(\hat\varphi_r^j - \hat\varphi_r^{j-1})^2}{2} \; ,$$

$$\hat{H}_F = \sum_{j=1}^{N} 4E_{C_J}(\hat{N}_J^j)^2 + E_{L_J}\frac{(\hat\varphi_J^j)^2}{2} + E_J \cos(\hat\varphi_J^j) \; ,$$

$$\hat{H}_{coupl} = \sum_{j=1}^{N} G(\hat\varphi_r^j - \hat\varphi_r^{j-1})\hat\varphi_J^j, \quad (3.3)$$

où les opérateurs $\hat{N_r}^j$ et $\hat{N_J}^j$ sont les nombres de charges des capacités du résonateur et des Fluxoniums et où nous avons introduit les variables réduites de flux $\varphi_r^j = \frac{2e}{\hbar}\hat\phi_r^j$ et $\varphi_J^j = \frac{2e}{\hbar}\hat\phi_J^j$. Les énergies de charge sont $E_{C_r} = \frac{e^2}{2C_r}$ et $E_{C_J} = \frac{e^2}{2C_J}$ et les énergies inductives $E_{L_r} = (\frac{\hbar}{2e})^2 \frac{L_1+L_2}{L_1 L_r + L_1 L_2 + L_2 L_r}$, $E_{L_J} = (\frac{\hbar}{2e})^2(\frac{L_1+L_r}{L_1 L_r + L_1 L_2 + L_2 L_r})$. L'amplitude de la constante de couplage dépend du rapport L_1/L_2 :

$$G = (\frac{\hbar}{2e})^2 \frac{L_1}{L_1 L_r + L_1 L_2 + L_2 L_r}. \quad (3.4)$$

L'Hamiltonien $\hat{H}_{res}$ décrit l'énergie du résonateur avec une inductance par unités de longueur renormalisée $\tilde{l}_r = l_r \frac{L_1 + L_2 + \frac{L_2 L_1}{a l_r}}{L_1 + L_2}$, qui prend en compte l'inductance rajoutée par chaque Fluxonium. Comme dans le chapitre précédent, nous pourrions faire l'hypothèse selon laquelle les Fluxoniums sont suffisament éloignés pour que $L_r = a l_r \gg L_1, L_2$, ce qui impliquerait en particulier $\tilde{l}_r \simeq l_r$.

En reprenant le traitement fait dans le chapitre 1 (section 6), le champ de flux du résonateur est $\hat{\phi}(x) = i \sum_{k \geq 1} \frac{1}{\omega_k} \sqrt{\frac{\hbar \omega_k}{2 c_r}} f_k(x) (\hat{a}_k - \hat{a}_k^\dagger)$ où $\hat{a}_k^\dagger$ est l'opérateur de création d'un mode photonique d'énergie $\hbar \omega_k = \frac{k \pi a}{d} \sqrt{8 E_{C_r} E_{L_r}}$. Le profil spatial du k^{eme} mode est $f_k(x) = \sqrt{2/d} \sin(\frac{k \pi x}{d})$ pour k impair, et $f_k(x) = \sqrt{2/d} \cos(\frac{k \pi x}{d})$ pour k pair. Les flux en chaque site sont alors simplement donnés par $\hat{\phi}_r^j = \hat{\phi}(x_j)$.

L'Hamiltonien $\hat{H}_F$ décrit la somme des énergies des atomes. Comme nous avons réglé le flux magnétique extérieur à un demi quantum de flux , le potentiel de chaque atome adopte une structure en double-puits par rapport à la variable réduite de flux φ_J, comme le montre la figure 3.1. Ces puits sont symétriques par rapport à $\varphi_J = 0$ et placés en $\varphi_J = \pm \varphi_{01}$ où φ_{01} est une constante numérique. On sait que les paramètres typiques du Fluxonium sont tels que $E_J \gg E_{L_J}, E_{C_J}$, ce qui entraîne une grande anharmonicité de son spectre et rend la constante φ_{01} proche de π. Appelons $|0\rangle_j$ et $|1\rangle_j$ les deux premiers états propres du j^{eme} Fluxonium. Comme nous l'avons déjà vu, ils sont les combinaisons symétriques et antisymétriques des états de courants persistants opposés : $|0\rangle_j = (1/\sqrt{2})(|L\rangle_j + |R\rangle_j)$ et $|1\rangle_j = (1/\sqrt{2})(|L\rangle_j - |R\rangle_j)$ où $|L\rangle_j$ a comme fonction d'onde la gaussienne au fond du puits de gauche , et $|R\rangle_j$ la gaussienne au fonds du puits de droite (pour le Fluxonium d'un site j donné). Introduisons $\hat{\sigma}_{+,j} = |1\rangle\langle 0|_j$ et $\hat{\sigma}_{-,j} = \hat{\sigma}_{+,j}^\dagger = |0\rangle\langle 1|_j$ ainsi que les matrices de Pauli[1] $\hat{\sigma}_{x,j} = (1/2)\{\hat{\sigma}_{+,j}^\dagger + \hat{\sigma}_{+,j}\}$, $\hat{\sigma}_{y,j} = (i/2)\{\hat{\sigma}_{+,j}^\dagger - \hat{\sigma}_{+,j}\}$ et $\hat{\sigma}_{z,j} = \hat{\sigma}_{+,j}\hat{\sigma}_{+,j}^\dagger - 1/2$. Laissant de côté un terme constant, nous avons alors $\hat{H}_F \simeq \sum_j \hbar \omega_F \hat{\sigma}_{z,j}$, où $\hbar \omega_F$ est l'écart énergétique entre les niveaux $|0\rangle$ et $|1\rangle$ (supposé dans un premier temps identique pour tous les atomes). Par ailleurs, en faisant l'approximation à deux niveaux, on peut exprimer le flux $\hat{\varphi}_J^j$ de la manière suivante :

$$\hat{\varphi}_J^j \simeq \langle 0|\hat{\varphi}_J^j|1\rangle(\hat{\sigma}_{+,j} + \hat{\sigma}_{+,j}^\dagger) = -2\varphi_{01}\hat{\sigma}_{x,j}. \tag{3.5}$$

---

1. Il y a plusieurs conventions possibles qui se distinguent par la présence ou l'absence du facteur (1/2).

3.2 Modèle utilisé

Le système total peut alors être décrit par l'Hamiltonien suivant :

$$\hat{H}/\hbar \simeq \sum_{k=1}^{N_m} \omega_k \hat{a}_k^\dagger \hat{a}_k + \sum_{j=1}^{N} \omega_F \hat{\sigma}_{z,j} + \sum_{k=1}^{N_m} \sum_{j=1}^{N} i\Omega_k^j (\hat{a}_k - \hat{a}_k^\dagger)(\hat{\sigma}_{+,j} + \hat{\sigma}_{+,j}^\dagger). \quad (3.6)$$

Les constantes de couplage local lumière-matière sont telles que :

$$\Omega_k^j = \frac{4eG}{\hbar} \varphi_{01} \sin(\frac{k\pi a}{2d}) \frac{1}{\omega_k} \sqrt{\frac{\hbar\omega_k}{dc_r}} \Delta f_k(x_j) \quad (3.7)$$

où nous avons utilisé que $f_k(x_j) - f_k(x_{j-1}) = -2\sin(\frac{k\pi a}{2d})\Delta f_k(x_j)$ avec $\Delta f_k(x_j) = -\cos(\frac{k\pi(-\frac{N+1}{2}+j)}{d}a)$ pour k impair , et $\Delta f_k(x_j) = \sin(\frac{k\pi(-\frac{N+1}{2}+j)}{d}a)$ pour k pair. N_m est le nombre de modes bosoniques inclus dans le modèle. Sans approximation, $N_m = +\infty$, mais dans la suite, on négligera les modes bosoniques correspondant à des nombres d'onde $k > N$ car ils sont très hors résonance si l'on choisit d'imposer la condition $\omega_F = \omega_{k=1}$.

Le modèle précédent est une forme plus générale du modèle de Dicke. La présence de N_m modes bosoniques couplés aux systèmes à deux niveaux par l'intermédiaire de constantes de couplage non uniformes Ω_k^j ne permet pas le traitement du chapitre précédent. En particulier, il n'est pas possible d'utiliser la transformation d'Holstein-Primakoff [56] qui reposait sur l'introduction d'opérateurs de moments cinétiques collectifs qui étaient égaux à des sommes uniformes d'opérateurs de spin 1/2. Certains auteurs [74, 75] ont pu étudier le cas d'un couplage non uniforme avec un seul mode de champ bosonique en divisant l'ensemble des atomes en sous-groupes de systèmes à deux niveaux subissant un couplage au champ à peu près constant. Moyennant quelques approximations, les résultats obtenus reprennent les caractéristiques principales du modèle de Dicke standard avec la présence d'un point critique quantique qui sépare la phase normale de la phase superradiante. Ils en concluent une certaine *universalité* de ce modèle. De même, d'autres auteurs ont résolu exactement le modèle de Dicke multimode, dans lequel une chaîne d'atomes identiques est couplée de manière uniforme à N_m modes bosoniques [76]. La transformation d'Holstein-Primakoff pour les opérateurs atomiques collectifs conduit alors à des développements très analogues à ceux exposés dans le chapitre 2. Malheureusement, notre modèle est à la fois multimode et non-uniforme : il combine donc les difficultés.

Un premier traitement possible consiste à introduire les opérateurs collectifs $\hat{b}_k^\dagger = \sqrt{\frac{2}{N}}\sum_{j=1}^N \Delta f_k(x_j)\hat{\sigma}_{+,j}$ pour $1 \leq k \leq N-1$, et $\hat{b}_N^\dagger = \sqrt{\frac{1}{N}}\sum_{j=1}^N (-1)^j\hat{\sigma}_{+,j}$. On peut écrire une telle relation matriciellement :

$$
\begin{pmatrix} \hat{b}_{k=1} \\ \hat{b}_{k=2} \\ \vdots \\ \hat{b}_{k=j} \\ \vdots \\ \hat{b}_{k=N} \end{pmatrix} = M \begin{pmatrix} \hat{\sigma}_{+,1} \\ \hat{\sigma}_{+,2} \\ \vdots \\ \hat{\sigma}_{+,j} \\ \vdots \\ \hat{\sigma}_{+,N} \end{pmatrix}
\tag{3.8}
$$

où M, est une matrice $N \times N$ dont les coefficients sont $\forall j = 1..N$:

$$
M(k,j) = \sqrt{\frac{2}{N}}\Delta f_k(x_j) \ \forall k \in \{1...N-1\}
\tag{3.9}
$$

$$
M(N,j) = \frac{1}{\sqrt{N}}(-1)^j
\tag{3.10}
$$

Les opérateurs collectifs $\hat{b}_k^\dagger$ pour $k \in \{1...N\}$ reprennent les mêmes profils spatiaux que les ondes stationnaires de courant dans le résonateur. On trace ces profils pour $k = 1, 2$ et 3 en figure 3.2.

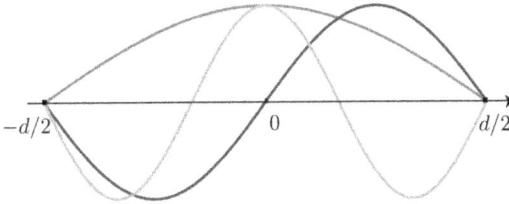

FIGURE 3.2 – Profils spatiaux $\Delta f_k(x)$ des modes électroniques collectifs $\hat{b}_k^\dagger = \sqrt{\frac{2}{N}}\sum_{j=1}^N \Delta f_k(x_j)\hat{\sigma}_{+,j}$. En rouge, premier mode $\Delta f_1(x)$, en bleu : deuxième mode $\Delta f_2(x)$ et en vert, troisième mode $\Delta f_3(x)$. Ces profils correspondent aussi aux ondes stationnaires de courant quantique du résonateur. Les Fluxoniums le ressentent avec une amplitude qui dépend des sites où ils se trouvent : le couplage lumière-matière local est tel que $\Omega_k^j = \Omega_k\sqrt{\frac{2}{N}}\Delta f_k(x_j)$.

La matrice M est orthogonale : $MM^T = \mathcal{I}_N$. On obtient alors que ces modes collectifs sont approximativement bosoniques pour peu que les états excités ne soient pas macroscopiquement occupés :

$$[\hat{b}_k, \hat{b}_{k'}^\dagger] = \delta_{k,k'} - \frac{2}{N}\sum_{j=1}^{N}|1\rangle_j\langle 1|_j\Delta f_k(x_j)\Delta f_{k'}(x_j) \simeq \delta_{k,k'}. \tag{3.11}$$

Si l'on s'appuie sur ce que l'on sait du chapitre précédent, on peut s'attendre à ce que cette approximation soit exacte dans la limite thermodynamique pour une phase correspondant à des faibles couplages lumière-matières. Par ailleurs, sans aucune approximation, on a aussi $\hat{H}_F = \sum_{k=1}^{N}\hbar\omega_F\hat{b}_k^\dagger\hat{b}_k - N/2$. On obtient alors un Hamiltonien effectif somme d'Hamiltoniens indépendants :

$$\hat{\mathcal{H}} \simeq \sum_{k=1}^{N}\hat{\mathcal{H}}_k, \tag{3.12}$$

où

$$\hat{\mathcal{H}}_k/\hbar = \omega_k\hat{a}_k^\dagger\hat{a}_k + \omega_F\hat{b}_k^\dagger\hat{b}_k + i\Omega_k(\hat{a}_k - \hat{a}_k^\dagger)(\hat{b}_k^\dagger + \hat{b}_k) \tag{3.13}$$

La fréquence de Rabi collective est alors pour $1 \leq k \leq N - 1$:

$$\hbar\Omega_k = G\frac{4e}{\hbar}\varphi_{01}\sin(\frac{k\pi a}{2d})\frac{1}{\omega_k}\sqrt{\frac{\hbar\omega_k N}{2dc_r}}. \tag{3.14}$$

(et pour $k = N$, $\hbar\Omega_N = G\frac{4e}{\hbar}\frac{\varphi_{01}}{\omega_N}\sqrt{\frac{\hbar\omega_N N}{dc_r}}$).

Chaque mode k du résonateur est couplé à un mode collectif électronique de même profil spatial. Comme les sous-espaces correspondant aux vecteurs d'onde k sont indépendants les uns des autres, les états propres de $\hat{\mathcal{H}} \simeq \sum_{k=1}^{N}\hat{\mathcal{H}}_k$ sont simplement les produits des états propres de $\hat{\mathcal{H}}_k$ pour $1 \leq k \leq N$. Pour les déterminer, ainsi que pour déterminer les excitations collectives dans la limite thermodynamique, on diagonalise les matrices de Hopfield-Bogoliubov :

$$\mathcal{M}_k = \begin{pmatrix} \omega_k & i\Omega_k & 0 & -i\Omega_k \\ -i\Omega_k & \omega_F & -i\Omega_k & 0 \\ 0 & -i\Omega_k & -\omega_k & i\Omega_k \\ -i\Omega_k & 0 & -i\Omega_k & -\omega_F \end{pmatrix}. \tag{3.15}$$

Comme nous l' avons vu dans le chapitre précédent, une propriété cruciale est donnée par le déterminant $Det(\mathcal{M}_k) = \omega_k\omega_F(\omega_k\omega_F - 4\Omega_k^2)$, qui s'annule quand la fréquence de Rabi du vide atteint la valeur critique : $\Omega_k^c =$

$\frac{\sqrt{\omega_k \omega_F}}{2}$. En un tel point, la branche polaritonique basse du sous-espace de nombre d'onde k s'annule. Physiquement, les couplages Ω_k seront modulés *via* la constante G (voir formule 3.14) et l'on peut se demander pour quel nombre d'onde k, le point critique sera atteint en premier. Comme $\Omega_k/\Omega_k^c \propto \sin(k\pi/(2N))/(k\pi/(2N))$ est une fonction décroissante de k, c'est le sous-espace correspondant à $k = 1$ qui subira la transition de phase quantique en premier. Bien-sûr, dès que $\Omega_{k=1} > \Omega_{k=1}^c$, les autres sous-espaces ($k > 1$) ont des chances d'être aussi affectés car les modes électroniques collectifs doivent être reliés par des relations d'orthogonalité (voir l'Eq. (3.9)). Evaluons alors le couplage normalisé pour le premier mode $\Omega_{k=1}/\omega_F$, à résonance ($\omega_F = \omega_{k=1}$) :

$$\frac{\Omega_{k=1}}{\omega_F} = \frac{\Omega_{k=1}}{\omega_{k=1}} = g\sqrt{N} = \sqrt{\frac{Z_{vac}}{2Z_r \alpha}}\mu\nu\chi\sqrt{N} \sim 5.7\chi\sqrt{N} \ , \qquad (3.16)$$

où $\nu = \frac{1}{4\pi}\varphi_{01} \sim \frac{1}{4}$ pour $\frac{E_J}{E_{L_J}} \gg 1$ et $\mu = \frac{\sin(\frac{\pi a}{2d})}{\frac{\pi a}{2d}}$. Pour $\frac{a}{d} \to 0^+$, on a $\mu \sim 1$. De plus, $\frac{Z_{vac}}{2\alpha} = \frac{h}{e^2} = R_k \sim 25.8 k\Omega$ est l'impédance quantique (voir chapitre 1), tandis que $Z_r = \sqrt{\frac{L_r}{C_r}} = 50\Omega$ est l'impédance du résonateur nu. Enfin, le facteur de branchement $\chi = (\frac{L_r}{L_1 L_r + L_1 L_2 + L_2 L_r})^{\frac{1}{4}} \frac{L_1}{(L_1+L_2)^{\frac{3}{4}}}$ est le paramètre de contrôle permettant de régler $\frac{\Omega_{k=1}}{\omega_{k=1}}$. Lorsque les Fluxoniums sont suffisament éloignés pour que $L_r = al_r \gg L_1, L_2$, on a $\chi \simeq L_1/(L_1 + L_2)$, et ainsi $\chi \simeq 0$ lorsque $L_1 \ll L_2$ et $\chi \simeq 1$ quand $\frac{L_1}{L_2} \gg 1$. Au passage, on a introduit le couplage adimensionné par atome g dont on voit qu'il peut atteindre 5.7 à résonance, ce qui est énorme[2]. On peut alors penser qu'il n'est pas nécessaire d'atteindre la limite thermodynamique pour oberserver une certaine *criticalité* du système pour des couplages g élevés. Par ailleurs, l'étude des effets de taille finie pour un petit nombre d'atomes et de grands couplages lumière-matière, en plus de correspondre à un régime physiquement accessible, offrirait la possibilité de décrire un modèle difficile à étudier dans la limite thermodynamique car à la fois multimode et non uniforme, il est rétif aux traitements standards.

3.3 Effets de taille finie

3.3.1 Résultats numériques

---

2. à comparer par exemple aux 12% atteints récemment [18]. Notons également que dans l'article théorique [46], g atteint 20 pour un transmon couplé inductivement

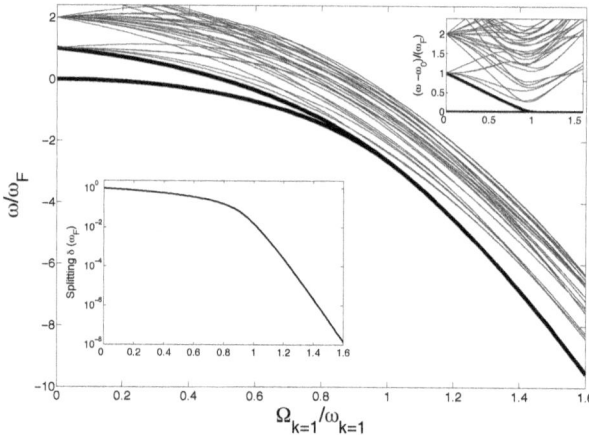

FIGURE 3.3 – Trente premières énergies propres en fonction de la fréquence de Rabi du vide normalisée $\Omega_{k=1}/\omega_{k=1}$ pour $N = 5$ Fluxoniums, et $N_m = 3$ modes du résonateur (à résonance $\omega_F = \omega_{k=1}$). L'Hamiltonien (3.6) a été diagonalisé exactement sur la base des états produits tensoriels d'états de Fock à 3 modes (avec un *cut-off* supérieur pour chaque mode) et des états de spins 1/2. En haut, à droite : la différence entre les énergies propres des états excités et l'énergie du fondamental est tracée. En bas, à gauche : l'écart énergétique normalisé δ/ω_F entre les deux premiers niveaux est tracé en échelle logarithmique : le changement soudain de pente se produit en un couplage légèrement supérieur au couplage critique de la limite thermodynamique (qui vaut, rappelons-le, 0.5 fois la fréquence de transition à résonance). Nous calculons dans la suite de ce chapitre, la loi de décroissance exponentielle de δ. Dans la limite $\Omega_{k=1}/\omega_{k=1} \to +\infty$, le sous-espace fondamental est deux fois dégénéré. Nous calculerons aussi la forme des deux vides correspondants.

On a diagonalisé numériquement l'Hamiltonien (3.6) avec un nombre fini d'atomes et de modes du résonateur. Comme le montre la figure 3.3, lorsque le couplage lumière-matière augmente , l'énergie du premier état excité converge vers celle du fondamental. L'écart énergétique correspondant (noté δ) décroît exponentiellement avec le couplage. Ainsi, un vide deux fois dégénéré est obtenu dans la limite de couplage ultrafort : $\Omega_{k=1}/\omega_{k=1} \to +\infty$, pour un nombre fini d'atomes. On calcule analytiquement et numériquement ci-dessous les états propres du système, ainsi que la loi de décroissance du splitting δ pour un nombre quelconque d'atomes, de modes, et pour le cas de couplages locaux $\Omega_k^j = \Omega_k \sqrt{2/N} \Delta \tilde{f}_k(x_j)$ ayant un profil sinusoïdal (avec $\Delta \tilde{f}_k = \Delta f_k$ que l'on a définis plus haut et tracés dans la figure 3.2) ou plat ($\Delta \tilde{f}_k(x_j) = \sqrt{1/2}\ \forall j$).

3.3.2 Approche analytique

L'approche qui suit est développée dans le matériel supplémentaire correspondant à l'article [73].
Considérons la limite de couplage ultrafort ($\frac{\Omega_{k=1}}{\omega_{k=1}} \to +\infty$), avec un nombre N_m de modes bosoniques et un nombre N de systèmes à deux niveaux. Le traitement suivant est général et peut-être fait pour n'importe quel type de profil $\Delta \tilde{f}_k(x)$. Dans le régime de couplage ultrafort, l'Hamiltonien atomique $\hat{H}_F$ peut être traité comme une perturbation de l'Hamiltonien $\hat{H}_{res} + \hat{H}_{coupl}$, car il est strictement borné lorsque N est fini, contrairement à $\hat{H}_{res} + \hat{H}_{coupl}$ dont certaines valeurs propres tendent à diverger lorsque $\frac{\Omega_{k=1}}{\omega_{k=1}} \to +\infty$. Il est alors commode d'utiliser pour chaque pseudospin la base des états $\{|-\rangle, |+\rangle\}_j$ qui sont les états propres de $\hat{\sigma}_{x,j}$. On réécrit l'Hamiltonien sous la forme :

$$
\begin{aligned}
\hat{H}_{res} + \hat{H}_{coupl} = &\sum_{k=1}^{N_m} \hbar \omega_k a_k^\dagger a_k \\
&+ \sum_{k=1}^{N_m} \sum_{j=1}^{N} i\hbar \Omega_k \sqrt{\frac{2}{N}} \Delta \tilde{f}_k(x_j)(a_k - a_k^\dagger)(|+\rangle\langle+|_j - |-\rangle\langle-|_j).
\end{aligned}
\tag{3.17}
$$

Un tel Hamiltonien est exactement et complètement diagonalisable. Introduisons le sous-espace $\mathcal{F}_{S_\zeta}$ généré par les états $\Pi_j |S_{\zeta_j}\rangle \otimes |\Psi_{res}\rangle$ où les symboles $S_{\zeta_j} \in \{-,+\}$ décrivent une configuration S_ζ de la chaîne de pseudospins , tandis que $|\Psi_{res}\rangle$ décrit l'ensemble des états photoniques à N_m modes. Puisqu'il y a N systèmes à deux niveaux, nous aurons 2^N sous-espaces $\mathcal{F}_{S_\zeta}$: un par configuration de pseudo-spins.

Il est clair qu'en appliquant $\hat{H}_{res} + \hat{H}_{coupling}$ sur un état $|\psi\rangle \in \mathcal{F}_{S_\zeta}$, l'on reste dans le même sous-espace (i.e., $\hat{H}_{res} + \hat{H}_{coupling}$ conserve les configurations de pseudospins). Maintenant, pour une configuration donnée S_ζ de la chaîne, on peut définir les fonctions $\psi_k^{S_\zeta} = \sum_j \sqrt{\frac{2}{N}} \Delta \tilde{f}_k(x_j) \mu_{S_\zeta}(j)$ où $\mu_{S_\zeta}(j) = 1$ si $|S_{\zeta_j}\rangle = |+\rangle_j$ et où $\mu_{S_\zeta}(j) = -1$ si $|S_{\zeta_j}\rangle = |-\rangle_j$. Cela permet de réécrire l'Hamiltonien sur le sous-espace $(\mathcal{F}_{S_\zeta})$:

$$\hat{H}_{res}^{S_\zeta} + \hat{H}_{coupling}^{S_\zeta} = \sum_{k=1}^{N_m} (\hbar\omega_k a_k^\dagger a_k + i\hbar\Omega_k(a_k - a_k^\dagger)\psi_k^{S_\zeta})$$

$$= \sum_{k=1}^{N_m} (\hbar\omega_k(a_k^\dagger + i\frac{\Omega_k}{\omega_k}\psi_k^{S_\zeta})(a_k - i\frac{\Omega_k}{\omega_k}\psi_k^{S_\zeta}) - \hbar\frac{\Omega_k^2}{\omega_k}(\psi_k^{S_\zeta})^2).$$

$$(3.18)$$

Si l'on utilise alors les opérateurs bosoniques *shiftés* $\tilde{a}_k^{S_\zeta} = a_k - i\frac{\Omega_k}{\omega_k}\psi_k^{S_\zeta}$, l'Hamiltonien devient :

$$\hat{H}^{S_\zeta}/\hbar = \sum_{k=1}^{N_m} \omega_k(\tilde{a}_k^{S_\zeta})^\dagger \tilde{a}_k^{S_\zeta} - \frac{\Omega_k^2}{\omega_k}(\psi_k^{S_\zeta})^2.$$

$$(3.19)$$

L'état fondamental de l'Hamiltonien restreint à ce sous-espace est $|G_{S_\zeta}\rangle$: il a une énergie $E_{G_{S_\zeta}} = -\sum_{k=1}^{N_m} \hbar\frac{\Omega_k^2}{\omega_k}(\psi_k^{S_\zeta})^2$. De plus, il doit vérifier :

$$\tilde{a}_k^{S_\zeta}|G_{S_\zeta}\rangle = 0 \ \forall k \leq N_m,$$

$$(3.20)$$

ce qui implique qu'il est un état cohérent pour la partie photonique :

$$|G_{S_\zeta}\rangle = \Pi_j |S_{\zeta_j}\rangle \otimes \Pi_k e^{-\frac{(\frac{\Omega_k}{\omega_k}\psi_k^{S_\zeta})^2}{2}} e^{(i\frac{\Omega_k}{\omega_k}\psi_k^{S_\zeta}a_k^\dagger)}|0\rangle_k.$$

$$(3.21)$$

Pour trouver le fondamental de $\hat{H}_{res} + \hat{H}_{coupl}$ sur l'espace de Hilbert complet, on doit déterminer la configuration de pseudo-spins qui minimise :

$$E_{G_{S_\zeta}} = -\sum_{k=1}^{N_m} \hbar\frac{\Omega_k^2}{\omega_k}(\psi_k^{S_\zeta})^2 = -\frac{2\hbar\omega_{k=1}}{N}\sum_{j,j'}\mu_{S_\zeta}(j)Q(j,j')\mu_{S_\zeta}(j'),$$

$$(3.22)$$

où l'on appelle Q la forme quadratique :

$$Q(j,j') = \sum_{k=1}^{N_m} \Delta\tilde{f}_k(x_j)[\frac{\Omega_k^2}{\omega_{k=1}\omega_k}]\Delta\tilde{f}_k(x'_j).$$

$$(3.23)$$

Pour un nombre donné N_m de modes , des profils spatiaux $\Delta f_k(x)$ et des positions $(x_j)_{j=1...N}$, on calcule la forme Q (matrice $N \times N$) et l'on détermine parmi les 2^N configurations S_ζ, celles qui minimisent $-\sum_{j,j'}\mu_{S_\zeta}(j)Q(j,j')\mu_{S_\zeta}(j')$. En fait, il est facile de voir qu'il y a une dégénérescence double du spectre car à toute configuration S_ζ correspond une configuration $S_{\zeta'}$ (pour laquelle

$\mu_{S_{\zeta'}}(j) = -\mu_{S_\zeta}(j) \quad \forall j$) qui aura la même énergie. Dans le cas d'un unique mode plat avec couplage uniforme, $Q(j, j')$ est une constante pour tout j, j' si bien que les configurations de pseudospins S_ζ doivent minimiser $-(\sum_j^N \mu_{S_\zeta}(j))^2$. Ce sont alors les deux configurations ferromagnétiques $S_\pm$ qui vérifient $\mu_{S_+}(j) = 1 \, \forall j$ et $\mu_{S_-}(j) = -1 \, \forall j$. On montre un schéma du spectre de $\hat{H}_{res} + \hat{H}_{coupling}$ dans ce cas en figure 3.4. De même, on peut prouver [3] que dans le cas décrit dans la section précédente, c'est-à-dire avec $N_m = N$ modes bosoniques, des profils spatiaux sinusoïdaux $\Delta \tilde{f}_k = \Delta f_k$, et des positions x_j régulièrement espacées entre $-d/2$ et $d/2$, ce sont aussi les deux configurations $S_\pm$ qui ont l'énergie la plus basse. Biensûr, la difficulté que l'on va rencontrer maintenant est de savoir comment $\hat{H}_F$ lève la dégénérescence du spectre de $\hat{H}_{res} + \hat{H}_{coupling}$.

3.3.3 La levée de dégénérescence

La première chose à laquelle on peut penser consiste à regarder l'effet de $\hat{H}_F$ sur l'espace vectoriel engendré par les 2^N états $|G_{S_\zeta}\rangle$ correspondant à toutes les configurations S_ζ. On néglige ainsi tous les états $\Pi_k (1/\sqrt{q_k!})[(\hat{a}_k^{S_\zeta})^\dagger]^{q_k} |G_{S_\zeta}\rangle$ où parmi les entiers q_k pour $k = 1...N_m$, il y en a au moins un qui est supérieur ou égal à un (voir figure 3.4 : ce sont les niveaux en noir). Maintenant, appelons $\mathcal{W}$ la matrice $2^N \times 2^N$ de $\hat{H}_F + \hat{H}_{res} + \hat{H}_{coupling}$ sur la base des états $\{|G_{S_\zeta}\rangle\}$. Il est alors facile de voir que $\mathcal{W}$ est aussi la matrice de l' Hamiltonien $\hat{H}_{spins}$ qui décrirait une chaîne de N spins $1/2$ sans mode bosonique et intéragissant selon :

$$\frac{\hat{H}_{spins}}{\hbar} = -\frac{8\omega_{k=1}}{N} \sum_{j,j'} \hat{\sigma}_{x,j} Q(j, j') \hat{\sigma}_{x,j'} + \omega_F \sum_j e^{-\frac{1}{N}\{\sum_{k=1}^{N_m} \frac{2\Omega_k}{\omega_k} \Delta \tilde{f}_k(x_j)\}^2} \hat{\sigma}_{z,j}, \quad (3.24)$$

où l'on a simplement utilisé le fait que $\hat{H}_F$ ne couple entre eux que des états $|G_{S_\zeta}\rangle$ dont les configurations de spins sont égales partout sauf en un site. L'élément de matrice correspondant est alors proportionnel au recouvrement de deux états cohérents. $\hat{H}_{spins}$ est une sorte d'Hamiltonien d'Ising 1D transverse non uniforme avec interaction à longue portée. On va commencer par considérer cet Hamiltonien dans le cas le plus simple : un seul mode bosonique et un couplage uniforme (modèle de Dicke standard).

---

3. Par exemple numériquement, jusqu'à un nombre très élevé d'atomes N.

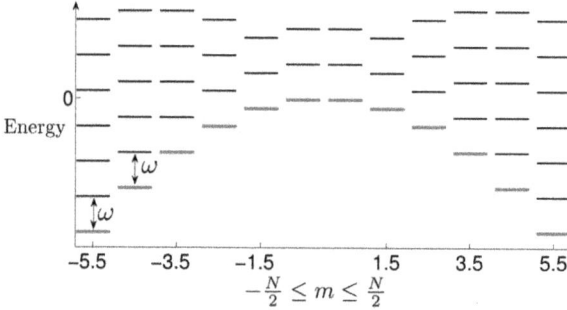

FIGURE 3.4 – Schéma des niveaux d'énergie de l'Hamiltonien $\hat{H}_{res} + \hat{H}_{coupling}$ dans le cas monomode uniforme (modèle de Dicke standard) pour $N = 11$ systèmes à deux niveaux. Les niveaux d'énergie se classent par configurations de spins S_ζ. Ils dépendent de la valeur d'expectation de $\hat{J}_x = \sum_{j=1}^{N} \hat{\sigma}_x^j$ sur S_ζ qui est égale à m où $-N/2 \leq m \leq N/2$. Les niveaux des fondamentaux $|G_{S_\zeta}\rangle$ des sous-espaces $\mathcal{F}_{S_\zeta}$ sont en rouge. Pour une configuration donnée de spins S_ζ, les niveaux (en noir) des états excités $(1/\sqrt{q!})[(\hat{a}^{S_\zeta})^\dagger]^q|G_{S_\zeta}\rangle$ (pour $q = 1, 2...\infty$) sont séparés par une énergie ω. Tout le spectre est deux fois dégénéré. Pour calculer la forme des vides quasi-dégénérés du modèle de Dicke en présence de l'Hamiltonien atomique $\hat{H}_F$, une première stratégie (développée dans le texte) consiste à négliger les états excités (en noir). On aboutit alors à un modèle proche du modèle LMG (voir Hamiltonien (3.25)).

Le cas monomode uniforme.

Il est facile de se convaincre qu'un tel modèle peut être obtenu dans le cas où les N Fluxoniums sont regroupés au centre du résonateur, sur une largeur Na beaucoup plus faible que la longueur du résonateur $d : Na \ll d$ (a étant toujours la distance inter-atomique). On peut alors négliger les variations spatiales du premier mode de courant, et négliger les modes de nombre d'onde $k \geq 2$: les modes pairs présentent un noeud au centre (voir figure 3.2) et les modes impairs de nombre d'onde $k \geq 3$ seront hors résonance. Dans le cas du modèle de Dicke standard, on a $= \Delta \tilde{f}_k(x_j) = \sqrt{1/2} \; \forall j$ et donc $Q(j, j') = \frac{\Omega_0^2}{2\omega^2} \; \forall j, j'$ où l'on note $\Omega_0 = \Omega_{k=1}$ et $\omega = \omega_{k=1}$ pour se conformer aux notations du chapitre précédent. L'Hamiltonien (3.24) s'écrit alors :

$$\hat{H}_{spins}/\hbar = -\frac{4\Omega_0^2}{N\omega}\hat{J}_x^2 + \omega_F e^{-\frac{2\Omega_0^2}{N\omega^2}}\hat{J}_z \qquad (3.25)$$

où $\hat{J}_z = \sum_{j=1}^{N}\hat{\sigma}_z^j$ et $\hat{J}_x = \sum_{j=1}^{N}\hat{\sigma}_x^j$.

L'Hamiltonien (3.25) est similaire à celui du modèle de Lipkin-Meshkov-Glick [77–79] $\hat{H}_{LMG} = (-\gamma_x/N)\hat{J}_x^2 + h\hat{J}_z$. Un tel modèle exhibe aussi une transition de phase quantique dans la limite thermodynamique au point critique $h = \gamma_x$. Il n'est d'ailleurs pas inintéressant de constater que ce point critique correspond dans l'Hamiltonien (3.25) (dans la limite $N \to +\infty$) à un couplage Ω_0 vérifiant $4\Omega_0^2/\omega = \omega_F$, ce qui redonne bien la valeur du couplage critique du modèle de Dicke.

Dans le cas fini, et dans la phase sur-critique ($h < \gamma_x$), le modèle de Lipkin possède deux vides quasi-dégénérés dont les niveaux d'énergie sont séparés par un splitting décroîssant exponentiellement avec N [80–82]. Dans la limite $\Omega_0/\omega \gg 1$, les deux vides quasi-dégénérés du modèle de Dicke $|G_1^D\rangle$ et $|G_2^D\rangle$ peuvent s'exprimer de manière approchée à partir de ceux de l'Hamiltonien (3.25) $|G_1^{LMG}\rangle$ et $|G_2^{LMG}\rangle$:

$$|G_1^D\rangle \simeq e^{-\frac{2\Omega_0^2}{N\omega^2}\hat{J}_x^2}e^{\frac{2i\Omega_0}{\omega\sqrt{N}}\hat{J}_x\otimes\hat{a}^\dagger}|0\rangle \otimes |G_1^{LMG}\rangle \qquad (3.26)$$

$$|G_2^D\rangle \simeq e^{-\frac{2\Omega_0^2}{N\omega^2}\hat{J}_x^2}e^{\frac{2i\Omega_0}{\omega\sqrt{N}}\hat{J}_x\otimes\hat{a}^\dagger}|0\rangle \otimes |G_2^{LMG}\rangle \qquad (3.27)$$

où l'on s'est appuyé sur la relation (3.21).

Dans la limite où $2\Omega_0^2/\omega^2 \gg N$, qui est un cas particulier de la limite précédente ($\Omega_0/\omega \gg 1$), le terme en $\hat{J}_z$ dans l'Hamiltonien (3.25) est négligeable, et l'on montre facilement que $|G_1^{LMG}\rangle \simeq (1/\sqrt{2})\{\Pi_{j=1}^N|+\rangle_j + (-1)^N\Pi_{j=1}^N|-\rangle_j\}$ et $|G_2^{LMG}\rangle \simeq (1/\sqrt{2})\{\Pi_{j=1}^N|+\rangle_j - (-1)^N\Pi_{j=1}^N|-\rangle_j\}$ si bien que :

$$|G_1^D\rangle \simeq \frac{1}{\sqrt{2}}\left\{|i\frac{\Omega_0\sqrt{N}}{\omega}\rangle \otimes \Pi_{j=1}^N|+\rangle_j + (-1)^N|-i\frac{\Omega_0\sqrt{N}}{\omega}\rangle \otimes \Pi_{j=1}^N|-\rangle_j\right\}(3.28)$$

$$|G_2^D\rangle \simeq \frac{1}{\sqrt{2}}\left\{|i\frac{\Omega_0\sqrt{N}}{\omega}\rangle \otimes \Pi_{j=1}^N|+\rangle_j - (-1)^N|-i\frac{\Omega_0\sqrt{N}}{\omega}\rangle \otimes \Pi_{j=1}^N|-\rangle_j\right\}(3.29)$$

où $|i\frac{\Omega_0\sqrt{N}}{\omega}\rangle = e^{-\frac{N\Omega_0^2}{2\omega^2}}e^{\frac{i\Omega_0\sqrt{N}}{\omega}\hat{a}^\dagger}|0\rangle$. Les vides du modèle de Dicke standard sont donc dans cette limite des produits d'états cohérents pour la partie photonique fois des états ferromagnétiques pour la partie spinorielle. Ils contiennent

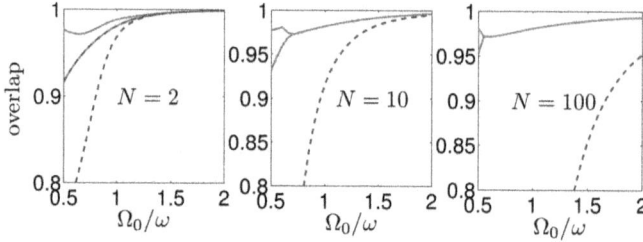

FIGURE 3.5 – En rouge, sur les 3 panneaux : recouvrements entre les vides quasi-dégénérés du modèle de Dicke monomode uniforme et les vides des formules (3.26) et (3.27) pour $N = 2$ systèmes à 2 niveaux (panneau de gauche), $N = 10$ systèmes à 2 niveaux (panneau du centre), et $N = 100$ systèmes à 2 niveaux (panneau de droite). Ces recouvrements sont tracés en fonction de la fréquence de Rabi du vide normalisée Ω_0/ω, à résonance ($\omega_F = \omega$). Ils tendent vers 1 en croissant et sont supérieurs à 99,5% lorsque $\Omega_0/\omega \geq 2$ pour $N = 2, 10$ ou 100. Par ailleurs, on peut remarquer que sur chacun des panneaux, les deux recouvrements en rouge se superposent d'autant plus tôt avec Ω_0/ω que N est grand. En traits bleus pointillés, les recouvrements sont cette fois calculés avec les vides des formules (3.28) et (3.29). Bien sûr, pour un couplage lumière-matière donné, plus N augmente, et plus ils diminuent car la condition de leur validité ($2\Omega_0^2/\omega^2 \gg N$) sera de plus en plus mise en défaut.

un nombre de photons égal au carré de la cohérence, qui augmente quadratiquement avec le couplage adimensionné par atome ($g = \Omega_0/(\omega\sqrt{N})$) et avec le nombre d'atomes N. On teste numériquement les relations (3.26), (3.27), (3.28) et (3.29) sur la figure 3.5. L'accord est très bon avec les vides donnés par les formules (3.26), (3.27), et relativement bon avec ceux donnés par les formules (3.28) et (3.29). Dans tous les cas, le recouvrement pour N fixé tend vers 1 quand Ω_0/ω augmente. On peut également montrer que l'énergie du sous-espace fondamental de l'Hamiltonien de Dicke coïncide aussi avec celle du modèle LMG (Eq. (3.25)). Il y a en revanche une quantité extrêmement sensible à la présence des états excités $(1/\sqrt{q!})[(\tilde{a}^{S_\varsigma})^\dagger]^q|G_{S_\varsigma}\rangle$ (pour $q = 1, 2...\infty$) que nous avions négligés plus haut, (qui sont les niveaux en noir sur la figure 3.4), c'est le splitting entre les deux vides quasi-dégénérés. Si l'on appelle δ^D le splitting associé au modèle de Dicke et δ^{LMG} le splitting entre les deux vides quasi-dégénérés de l'Hamiltonien (3.25), malheureusement δ^D ne ressem-

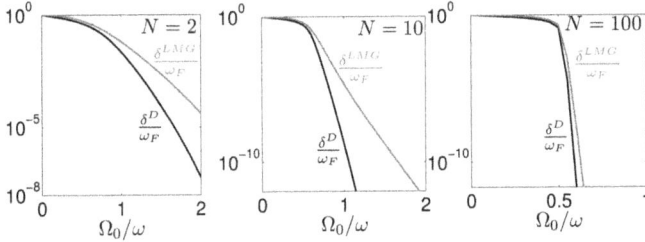

FIGURE 3.6 – En noir, splitting normalisé du modèle de Dicke δ^D/ω_F et en rouge, splitting normalisé du modèle LMG (Hamiltonien (3.25)) δ^{LMG}/ω_F , tous deux tracés en fonction de la fréquence de Rabi du vide normalisée Ω_0/ω pour $N = 2$, 10 et 100 pseudo-spins 1/2. Les décroissances exponentielles ne sont pas les mêmes. Cette divergence provient du fait que l'on avait négligé les états excités $(1/\sqrt{q!})[(\tilde{a}^{S_\varsigma})^\dagger]^q|G_{S_\varsigma}\rangle$ (pour $q = 1, 2... + \infty$) pour dériver l'Hamiltonien (3.25). Par un calcul analytique perturbatif, on va déterminer la loi de décroissance exponentielle de δ^D/ω_F en fonction du nombre d'atomes N et du couplage Ω_0. Remarquez que pour $N = 100$, les deux splittings décroissent tellement vite que la précision numérique ne permet pas de voir si δ^D et δ^{LMG} divergent l'un de l'autre.

blera pas du tout à δ^{LMG}, à cause de la présence des états que nous avions négligés plus haut. On peut le voir notamment dans la figure 3.6 où les pentes des décroissances exponentielles sont très différentes entre les deux modèles.

Il existe un moyen analytique de tenir compte des états $(1/\sqrt{q!})[(\tilde{a}^{S_\varsigma})^\dagger]^q|G_{S_\varsigma}\rangle$ (pour $q \geq 1$) pour le calcul du splitting δ^D dans le modèle de Dicke : la théorie des perturbations. Nous faisons un calcul ci-dessous.

La théorie des perturbations

Revenons donc légèrement en arrière et tentons d'explorer l'effet de l'Hamiltonien atomique $\hat{H}_F$ sur le spectre deux fois dégénérés de $\hat{H}_{res} + \hat{H}_{coupl}$, mais cette fois-ci sans négliger les états excités, et en utilisant la théorie des perturbations. Le traitement qui suit est d'ailleurs valable dans le cas mono-mode uniforme et dans le cas de modes bosoniques sinusoïdaux. On a $\hat{H}_F =$

$\hbar\omega_F \sum_{j=1}^{N} \hat{\sigma}_{z,j} = \hbar\omega_F \sum_{j=1}^{N} \frac{1}{2}(|+\rangle\langle-|_j + |-\rangle\langle+|_j)$, où $|\pm\rangle_j$ sont, rappelons-le, les états propres de $\hat{\sigma}_{x,j}$. En présence de N systèmes à deux niveaux, l'effet de $\hat{H}_F$ est nul jusqu'à l'ordre N en théorie des perturbations. Commençons par étudier le cas où il y a $N = 2$ atomes. La première partie de $\hat{H}_F$ est constituée de $\hbar\omega_F \frac{1}{2}(|+\rangle\langle-|_1 + |-\rangle\langle+|_1)$, qui est l'Hamiltonien atomique du premier atome. Pris seul, un tel terme ne lève pas la dégénérescence entre les deux fondamentaux de $\hat{H}_{res} + \hat{H}_{coupl}$ qui sont $|G_+\rangle$ et $|G_-\rangle$ (correspondant aux deux configurations de pseudospins $S_+ = \{++\}$ et $S_- = \{--\}$ définies plus haut). Mais il mélange les deux états $|G_+\rangle$ et $|G_-\rangle$ avec des états propres de $\hat{H}_{res} + \hat{H}_{coupl}$ d'énergie supérieure si bien que selon la théorie des perturbations au premier ordre, ils deviennent :

$$|\tilde{G}_+\rangle \simeq |G_+\rangle + \hbar\omega_F \sum_{\mathbf{n}} \frac{\langle\mathbf{n}, -+ |\hat{\sigma}_1^z|G_+\rangle}{E_{G_+} - E_{\mathbf{n},-+}} |\mathbf{n}, -+\rangle \qquad (3.30)$$

$$|\tilde{G}_-\rangle \simeq |G_-\rangle + \hbar\omega_F \sum_{\mathbf{n}} \frac{\langle\mathbf{n}, +- |\hat{\sigma}_1^z|G_-\rangle}{E_{G_-} - E_{\mathbf{n},+-}} |\mathbf{n}, +-\rangle, \qquad (3.31)$$

où $\mathbf{n} = (n_1, n_2, ..., n_{N_m})$ et les états $|\mathbf{n}, -+\rangle$ sont définis par :

$$|\mathbf{n}, -+\rangle = \frac{1}{\sqrt{n_1!...n_{N_m}!}} ((\tilde{a}_{k=1}^{\{-+\}})^\dagger)^{n_1} ...((\tilde{a}_{k=N_m}^{\{-+\}})^\dagger)^{n_{N_m}} |G_{\{-+\}}\rangle. \qquad (3.32)$$

Ce sont les états excités ayant comme configuration de pseudospins $\{-+\}$. Leur énergie est $E_{\mathbf{n},-+} = \sum_{k=1,...,N_m} n_k \hbar\omega_k + E_{G_{-+}}$. Ils sont obtenus en appliquant les opérateurs de création *shiftés* $(\tilde{a}_k^{\{-+\}})^\dagger = a_k^\dagger + i\frac{\Omega_k}{\omega_k}\psi_k^{\{-+\}}$ pour les nombres d'onde $k = 1$ jusqu'à $k = N_m$. Une définition analogue est valable pour les états $|\mathbf{n}, +-\rangle$ qui correspondent à une configuration de pseudospins $\{+-\}$.

Maintenant, incluons l'effet de l'Hamiltonien atomique du deuxième pseudospin : $\hbar\omega_F \hat{\sigma}_2^z = \hbar\omega_F \frac{1}{2}(|+\rangle\langle-|_2 + |-\rangle\langle+|_2)$. Le splitting δ^D entre les deux vides $|G_+\rangle$ et $|G_-\rangle$ est alors donné, au deuxième ordre de la théorie des perturbations, par la valeur absolue du terme[4] :

$$2\omega_F \langle\tilde{G}_-|\hat{\sigma}_2^z|\tilde{G}_+\rangle = 4\omega_F \sum_{\mathbf{n}} \frac{\hbar\omega_F \langle G_+|\hat{\sigma}_2^z|\mathbf{n}, +-\rangle\langle\mathbf{n}, +- |\hat{\sigma}_1^z|G_-\rangle}{E_{G_-} - E_{\mathbf{n},+-}}. \qquad (3.33)$$

Dans le cas où nous avons un seul mode ($N_m = 1$), que celui-ci soit plat ou sinusoïdal, les valeurs des fonctions $\Delta\tilde{f}_{k=1}$ seront les mêmes aux 2 points x_1 et

---

4. où $\sum_{\mathbf{n}} \frac{\hbar\omega_F \langle G_+|\hat{\sigma}_2^z|\mathbf{n}, +-\rangle\langle\mathbf{n}, +- |\hat{\sigma}_1^z|G_-\rangle}{E_{G_-} - E_{\mathbf{n},+-}} = \sum_{\mathbf{n}} \frac{\hbar\omega_F \langle G_-|\hat{\sigma}_2^z|\mathbf{n}, -+\rangle\langle\mathbf{n}, -+ |\hat{\sigma}_1^z|G_+\rangle}{E_{G_+} - E_{\mathbf{n},-+}}$.

x_2 et vaudront $1/\sqrt{2}$. De plus, dans ce cas très simple, $\psi_{k=1}^{\{-+\}} = -\Delta \tilde{f}_{k=1}(x_1) + \Delta \tilde{f}_{k=1}(x_2) = 0$, et les états excités $|n, +-\rangle$ sont simplement (pour la partie photonique) les états de Fock $|n\rangle$. Alors, le splitting devient :

$$\delta^D \simeq \frac{\omega_F^2}{\omega} e^{-4g^2} \sum_n \frac{\langle 0|e^{-2gia_{k=1}}|n\rangle\langle n|e^{-2gia_{k=1}^\dagger}|0\rangle}{4g^2 + n}$$

$$= \frac{\omega_F^2}{\omega} e^{-4g^2} \sum_n \frac{(-4g^2)^n}{(4g^2 + n)n!} \simeq \frac{\omega_F^2}{2\omega}\sqrt{\frac{\pi}{2g^2}} e^{-8g^2}. \tag{3.34}$$

Cette formule est en excellent accord avec le calcul numérique de δ^D. Par ailleurs, la simple diagonalisation de la matrice 3×3 de l'Hamiltonien (3.25) donne $\delta^{LMG} \simeq \frac{\omega_F^2}{4\omega g^2} e^{-4g^2}$. On voit donc que la présence des états excités '$|n, +-\rangle$' et '$|n, -+\rangle$' a un impact très important sur la décroissance exponentielle du splitting du modèle de Dicke à 2 atomes en couplage ultrafort.

La théorie des perturbations donne aussi la forme suivante pour les deux premiers états propres du modèle de Dicke :

$$|G_1^D\rangle \simeq \frac{1}{\sqrt{2}}\{|\tilde{G}_+\rangle + |\tilde{G}_-\rangle\} \simeq \frac{1}{\sqrt{2}}\{|G_+\rangle + |G_-\rangle\} \tag{3.35}$$

$$|G_2^D\rangle \simeq \frac{1}{\sqrt{2}}\{|\tilde{G}_+\rangle - |\tilde{G}_-\rangle\} \simeq \frac{1}{\sqrt{2}}\{|G_+\rangle - |G_-\rangle\}. \tag{3.36}$$

qui redonne d'ailleurs bien ce qu'on avait trouvé plus haut pour le cas mono-mode uniforme [5].

Le splitting et la forme des vides quasi-dégénérés pour N quelconque.

On peut généraliser les développements précédents dans le cas où N est quelconque, pour des modes sinusoïdaux ou plats. En théorie des perturbations, $\hat{H}_F$ ne va coupler les deux vides $|G_+\rangle$ et $|G_-\rangle$ qu'à l'ordre N et par des arguments donnés en Annexe, on peut se convaincre que le splitting est d'ordre :

$$\delta^D \sim 2\omega_{k=1}\left[\Pi_j^N(\frac{\omega_F}{\omega_{k=1}})\right]\langle G_+|\Pi_j^N\hat{\sigma}_j^z|G_-\rangle. \tag{3.37}$$

---

5. Le recouvrement de $|G_1^D\rangle$ et $|G_2^D\rangle$ sur les états excités '$|n, +-\rangle$' et '$|n, -+\rangle$' peut être cette fois-ci négligé car il est très petit devant le recouvrement sur $|G_+\rangle$ et $|G_-\rangle$ qui vaut $1/\sqrt{2}$ (voir aussi la figure 3.5 qui teste la qualité de cette approximation pour $N = 2$ atomes). Dans le cas du calcul du splitting, il fallait impérativement prendre en compte ce recouvrement, car il donnait le terme non nul d'ordre minimal.

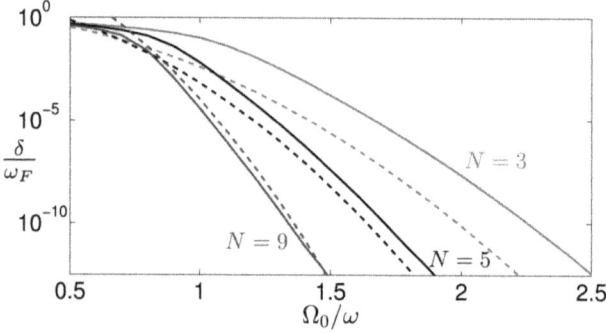

FIGURE 3.7 – En traits pleins, splittings normalisés du modèle de Dicke δ^D/ω_F pour différents nombre d'atomes dans le cas de l'Hamiltonien de Dicke (3.6) avec $N_m = 3$ modes sinusoïdaux et $N = 3$ (rouge), $N = 5$ (noir) et $N = 9$ (bleu) Fluxoniums. En pointillés, splittings calculés analytiquement (voir formule (3.40)). Les pentes entre les splittings numériques et les splittings analytiques sont parrallèles deux à deux, ce qui montre la pertinence de l'approche perturbative.

qui est proportionnel au recouvrement de deux états cohérents de cohérence opposée.

Dans le cas monomode uniforme, on aura donc un splitting :

$$\delta^D \sim 2\omega \left[\Pi_j^N \left(\frac{\omega_F}{2\omega} \right) \right] e^{-2N^2 g^2}. \tag{3.38}$$

Par ailleurs, dans le cas sinusoïdal, les vides dégénérés sans la perturbation sont donnés par (voir formule (3.21)) :

$$|G_\pm\rangle = \Pi_j|\pm\rangle \otimes \Pi_k e^{-\frac{(\frac{\Omega_k}{\omega_k} \psi_k^{S\pm})^2}{2}} e^{(i\frac{\Omega_k}{\omega_k} \psi_k^{S\pm} a_k^\dagger)} |0\rangle_k$$

$$= \Pi_j|\pm\rangle_j \otimes \Pi_{k_o} | \pm \frac{g\sqrt{2}}{k_o^{1.5}} \frac{i^{k_o}}{\sin(\frac{\pi}{2N})}\rangle_{k_o} \otimes \Pi_{k_e}|0\rangle_{k_e} \tag{3.39}$$

où les k_o sont les nombres d'onde impairs et les k_e, les nombres d'onde pairs. Cela donnera donc un splitting :

$$\delta^D \sim 2\omega_{k=1} \left[\Pi_j^N \left(\frac{\omega_F}{2\omega_{k=1}} \right) \right] e^{\frac{-4g^2}{\sin(\frac{\pi}{2N})^2} \sum_{1 \leq k_o \leq N_m} \frac{1}{k_o^3}}. \tag{3.40}$$

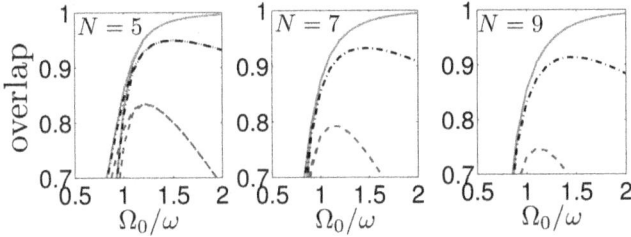

FIGURE 3.8 – En traits rouges pleins, recouvrement entre les vides prédits par la formule (3.39) et les deux premiers états propres du modèle de Dicke (3.6) calculés numériquement : $\{|\langle G_1^D|G_+\rangle|^2 + |\langle G_1^D|G_-\rangle|^2\}^{1/2}$ et $\{|\langle G_2^D|G_+\rangle|^2 + |\langle G_2^D|G_-\rangle|^2\}^{1/2}$. Sur les 3 panneaux, on a considéré $N_m = 5$ modes bosoniques sinusoïdaux et $N = 5$ (panneau de gauche), $N = 7$ (panneau du centre) et $N = 9$ (panneau de droite) Fluxoniums et on a tracé les recouvrements en fonction du couplage adimensionné Ω_0/ω. En traits pointillés noirs, on a calculé les recouvrements $\{|\langle G_1^D|\bar{G}_+\rangle|^2 + |\langle G_1^D|\bar{G}_-\rangle|^2\}^{1/2}$ et $\{|\langle G_2^D|\bar{G}_+\rangle|^2 + |\langle G_2^D|\bar{G}_-\rangle|^2\}^{1/2}$ où $|\bar{G}_\pm\rangle$ sont les états de la formule (3.39) sans le cinquième mode. En traits pointillés bleus, recouvrements avec $|\bar{\bar{G}}_\pm\rangle$ qui sont les vides de la formule théorique avec seulement le premier mode. Cela démontre d'une part la nécessité d'introduire dans la formule (3.39) les contributions de chaque mode, et d'autre part la diminution de l'importance de leur contribution avec l' augmentation de leur nombre d'onde. Cela justifie alors rétrospectivement la possibilité de négliger les modes de nombre d'onde trop élevé.

valable quelque soit le nombre de modes N_m, dans le cas sinusoïdal. On a testé numériquement la validité de ces splittings pour un petit nombre d'atomes (voir figure 3.7), ainsi que le recouvrement des deux fondamentaux numériques dans le cas sinusoïdal sur le sous-espace engendré par les vides analytiques $|G_+\rangle$ et $|G_-\rangle$ (voir figure 3.8). Les résultats y sont satisfaisants.

On a ainsi prouvé que l'écart énergétique δ^D entre les deux premiers niveaux du modèle de Dicke, qu'il comprenne un mode unique spatialement plat, ou plusieurs modes sinusoidaux, décroissait avec le couplage adimensionné par atome selon :

$$\delta^D \sim \omega_F e^{-g^2 \beta(N)}. \tag{3.41}$$

où $\beta(N)$ est une fonction quadratique de N qui dépend du nombre de modes
bosoniques et de leur profils (voir formules (3.40) et (3.38) et la figure 3.9)
et dont on peu retenir que dans l'essentiel des cas évoqués dans ce texte, elle
vaut à peu près $2N^2$. Ainsi une dégenerescence exacte est obtenue soit dans la
limite thermodynamique pour un couplage par atome fixé, soit dans la limite
de couplage ultrafort $g \gg 1$ pour un nombre fixé d'atomes.

3.4   La protection de la quasi-dégénérescence

On peut se demander maintenant comment la quasi-dégénérescence entre
les deux vides $|G_+\rangle$ et $|G_-\rangle$ est affectée par la présence d'un terme addition-
nel $\hat{H}_{pert} = \sum_j \hbar \Delta_j \hat{\sigma}_{z,j}$, qui décrirait des fluctuations statiques des énergies
atomiques des Fluxoniums, qui seraient non corrélées d'un site à l'autre dans
la chaîne. On considère alors l'Hamiltonien (3.6), non plus avec des pulsations
atomiques identiques ω_F pour chaque atome, mais avec une distribution $\{\omega_{F,j}\}$
pour $j = 1...N$, où $\omega_{F,j} = \omega_F + \Delta_j$, avec Δ_j symétriquement distribuée autour
de 0. En fait, on pourrait refaire exactement les mêmes développements pertur-
batifs que précédemment pour calculer le splitting [6] δ en présence d'une telle
distribution, si bien que cela reviendrait à remplacer $\left[\Pi_j^N \left(\frac{\omega_F}{2\omega_{k=1}} \right) \right]$ dans les formules (3.40) et (3.38) par $\left[\Pi_j^N \left(\frac{\omega_{F,j}}{2\omega_{k=1}} \right) \right]$. Ainsi, les splittings moyennés sur toutes
les réalisations des distributions $\{\omega_{F,j}\}$ redonnent exactement les splittings
avec énergies atomiques identiques, quant à leur déviation standard, elle vaut
$\sigma = \sqrt{\langle (\delta)^2 \rangle - \langle \delta \rangle^2} \sim \langle \delta \rangle \sqrt{(1 + \frac{\Delta}{\omega_F}^2)^N - 1} \sim \sqrt{N} \frac{\Delta}{\omega_F} \langle \delta \rangle$ où Δ est la déviation
standard associée aux énergies atomiques fluctuantes : $\Delta^2 = \langle \Delta_j^2 \rangle \; \forall j = 1...N$.

On voit donc que σ suit la même décroissance exponentielle que le splitting
moyen $\langle \delta \rangle$ lui-même égale au splitting avec distribution uniforme. On a testé
numériquement ces assertions dans la figure 3.9.

---

6. Laissons tomber l'indice 'D' dans la notation du splitting δ^D puisque nous n'aurons
plus à parler du splitting associé au modèle LMG : δ^{LMG}

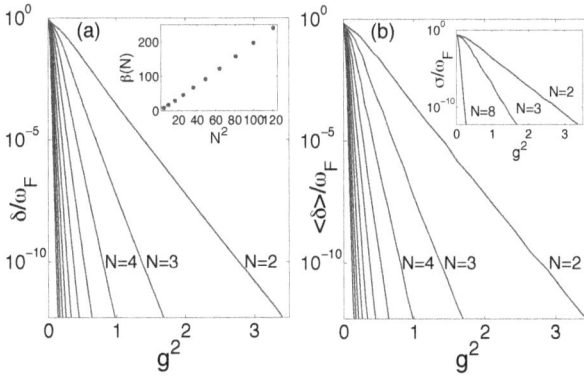

FIGURE 3.9 – A gauche, splittings normalisés du modèle de Dicke δ/ω_F à résonance et dans le cas de l'Hamiltonien (3.6) avec $N_m = 1$ mode sinusoïdal et $N = 2, 3, 4...11$ atomes. Ces splittings sont tracés en échelle logarithmique en fonction du carré du couplage adimensionné par atomes g^2 et dans le cas où les N atomes ont une fréquence de transition identique ω_F. Les décroissances sont alors bien rectilignes et prouvent la forme $\delta \sim exp\{-\beta(N)g^2\}$ où $\beta(N)$ est tracé dans la fenêtre en haut à droite. Le comportement de $\beta(N)$ en fonction de N^2 est en relativement bon accord avec le calcul analytique $\beta(N) = 4/\sin(\pi/2N)^2 \approx 2N^2$. A droite, splittings moyens $\langle\delta\rangle$ en présence d'une distribution de pulsations atomiques $\omega_{F,j} = \omega_F + \Delta_j = \omega_F(1 + 0.5\,\xi_j)$ où l'indice j définit le site et où ξ_j est une variable aléatoire de variance égale à 1. Les résultats ont été moyennés sur 100 configurations différentes. La déviation standard $\sigma = \sqrt{\langle\delta^2\rangle - \langle\delta\rangle^2}$ décroît exponentiellement de la même manière (voir fenêtre en haut à droite) que les splittings moyens.

On peut aussi évaluer les conséquences de perturbations atomiques dans les *deux directions* y et z, en regardant l'effet produit par le terme additionnel :

$$\hat{H}_{pert}^{y,z} = \sum_j \hbar\Delta_{y,j}\hat{\sigma}_{y,j} + \hbar\Delta_{z,j}\hat{\sigma}_{z,j}. \qquad (3.42)$$

Il est facile de se convaincre qu' au prix de rotations locales dans la base $\{|+\rangle_j, |-\rangle_j\}$, on peut se ramener au cas précédent, si bien qu'on arrive à la

conclusion que la quasi-dégénérescence des deux vides de la chaîne de Fluxoniums couplés inductivement est protégée des fluctuations statiques locales
dans les directions perpendiculaires à la direction du couplage (en termes de
matrices de Pauli). En revanche, une perturbation du type $\hat{H}_{pert}^x = \hbar\Delta_{x,j}\hat{\sigma}_{x,j}$
lève la dégenerescence au premier ordre : $\langle G_+|\hat{H}_{pert}^x|G_+\rangle - \langle G_-|\hat{H}_{pert}^x|G_-\rangle =$
$2\sum_j \hbar\Delta_{x,j}$. Ces résultats sont en accord avec le traitement du modèle de Dicke
généralisé évoqué dans le chapitre précédent. Nous avions vu que seul le cas
où la *direction* associée aux matrices de Pauli des Hamiloniens atomiques était
perpendiculaire à celle des Hamiltoniens de couplage, pouvait permettre d'avoir
une double dégénérescence dans la limite thermodynamique. Par ailleurs, nous
verrons dans le chapitre 5 que les fluctuations dans la direction x peuvent être
physiquement plus petites que celles dans les autres directions.

Chapitre 4

Couplage Spin-Boson ou Modèle de Dicke avec quadratures différentes

Nous proposons ici une autre *généralisation* du modèle de Dicke qui naît de la question suivante : puisque tout champ bosonique a deux quadratures, qui s'écrivent avec les notations introduites dans les précédents chapitres, $(\hat{a} + \hat{a}^{\dagger})$ et $i(\hat{a} - \hat{a}^{\dagger})$, que se passe-t-il si on les couple à deux chaînes différentes de systèmes à deux niveaux, via des constantes Ω_C et Ω_I ? On introduit l'Hamiltonien général associé à ce problème et l'on en étudie les symétries. On montre en particulier que l'opérateur de parité du nombre total d'excitations ($\hat{\Pi}$) est conservé, exactement comme pour l'Hamiltonien de Dicke standard. En revanche, ce qu'apportent les couplages aux deux quadratures différentes du champ est la possibilité d'écrire la parité $\hat{\Pi}$ comme un produit de deux autres symétries discrètes qui peuvent se briser indépendamment l'une de l'autre lorsqu'on augmente Ω_C et Ω_I au-dessus des valeurs critiques correspondantes Ω_C^{cr} et Ω_I^{cr}. Les excitations bosoniques élémentaires sont alors calculées dans la limite thermodynamique, et l'on montre qu'au-delà des deux lignes critiques $\Omega_C = \Omega_C^{cr}$ et $\Omega_I = \Omega_I^{cr}$, le champ photonique et les 2 champs électroniques acquièrent une cohérence macroscopique. Un diagramme de phase avec quatre zones différentes dans l'espace (Ω_C, Ω_I) est alors donné. En particulier, lorsque $\Omega_C > \Omega_C^{cr}$ et $\Omega_I > \Omega_I^{cr}$, le fondamental est 4 fois dégénéré, et la cohérence des vides est complexe. On en donne la forme dans le cas fini et dans la limite de couplage ultrafort. On montre enfin que le diagramme complet d'un tel modèle peut être obtenu en circuit QED, et on tire partie de la forme des 4

fondamentaux pour créer une phase de Berry non-trviale.
Ce chapitre expose des résultats en attente de publication.

4.1 Le modèle considéré.

L'Hamiltonien étudié est le suivant :

$$\frac{\hat{H}}{\hbar} = \omega_{cav}\hat{a}^\dagger\hat{a} + \omega_C^0\hat{J}_z^C + \omega_I^0\hat{J}_z^I + \frac{2\Omega_C}{\sqrt{N_C}}(\hat{a} + \hat{a}^\dagger)\hat{J}_x^C + i\frac{2\Omega_I}{\sqrt{N_I}}(\hat{a} - \hat{a}^\dagger)\hat{J}_x^I. \quad (4.1)$$

où $a^\dagger$ (resp. a) est l'opérateur de création (resp. d'annihilation) d'un mode bosonique d'énergie $\hbar\omega_{cav}$, et où les opérateurs de moments angulaires $\hat{J}_z^C$ et $\hat{J}_x^C$ (resp. $\hat{J}_z^I$ et $\hat{J}_x^I$) décrivent un ensemble de N_C (resp. N_I) systèmes à deux niveaux de fréquence de transition ω_C^0 (resp. ω_I^0), qui sont couplés au champ *via* la quadrature $(a + a^\dagger)$ (resp. $i(a - a^\dagger)$), avec Ω_C (resp. Ω_I) la constante de couplage champ-atome correspondante.

Comme dans les chapitres précédents, les opérateurs atomiques collectifs sont définis par :

$$\hat{J}_z^C = \sum_{j_C=1}^{N_C} \hat{\sigma}_z^{j_C} \; ; \; \hat{J}_\pm^C = \sum_{j_C=1}^{N_C} \hat{\sigma}_\pm^{j_C} \quad (4.2)$$

$$\hat{J}_z^I = \sum_{j_I=1}^{N_I} \hat{\sigma}_z^{j_I} \; ; \; \hat{J}_\pm^I = \sum_{j_I=1}^{N_I} \hat{\sigma}_\pm^{j_I}$$

où les matrices $\hat{\sigma}_z^{l_k}$ et $\hat{\sigma}_\pm^{l_k}$ sont les matrices de Pauli pour le l_k^{me} pseudo-spin $(k = I, C)$, de telle sorte que les relations de commutation sont :

$$[\hat{J}_z^C, \hat{J}_\pm^C] = \pm\hat{J}_\pm^C \; ; \; [\hat{J}_+^C, \hat{J}_-^C] = 2\hat{J}_z^C \quad (4.3)$$

$$[\hat{J}_z^I, \hat{J}_\pm^I] = \pm\hat{J}_\pm^I \; ; \; [\hat{J}_+^I, \hat{J}_-^I] = 2\hat{J}_z^I$$

$$[\hat{J}_\pm^C, \hat{J}_\pm^I] = [\hat{J}_z^C, \hat{J}_\pm^I] = [\hat{J}_\pm^C, \hat{J}_z^I] = 0.$$

Une base pratique de l'espace de Hilbert des 2 chaînes est donnée par les produits d'états de Dicke pour chaque chaîne :

$$\{|j_C, m_C\rangle \otimes |j_I, m_I\rangle; m_C = -j_C, -j_C + 1, ..., j_C; m_I = -j_I, -j_I + 1, ..., j_I\}, \quad (4.4)$$

où, pour $k = C, I$:

$$\hat{J}_z^k|j_k, m_k\rangle = m_k|j_k, m_k\rangle,$$

$$|\hat{\mathbf{J}}^\mathbf{k}|^2|j_k, m_k\rangle = j_k(j_k + 1)|j_k, m_k\rangle$$

$$\hat{J}_\pm^k|j_k, m_k\rangle = \sqrt{j_k(j_k + 1) - m_k(m_k \pm 1)}|j_k, m_k \pm 1\rangle. \quad (4.5)$$

Exactement comme dans l'Hamiltonien de Dicke monochaîne, l' Hamiltonien
(4.1) ne mélange pas les secteurs de norme de spins j_C et j_I différente, et l'on
se bornera à l'examen du sous-espace produit tensoriel des secteurs $j_C = N_C/2$
et $j_I = N_I/2$ qui contient le fondamental du modèle. Introduisons maintenant
l'opérateur de parité du nombre total d'excitations dans le système, dans le
même esprit que pour l'Hamiltonien de Dicke standard :

$$\hat{\Pi} = exp\{i\pi(\hat{a}^\dagger\hat{a} + \hat{J}_z^C + N_C/2 + \hat{J}_z^I + N_I/2)\}. \tag{4.6}$$

Cet opérateur est aussi conservé : $\left[\hat{H}, \hat{\Pi}\right] = 0$ puisque l'on a :

$$\hat{\Pi} : (\hat{a}, \hat{J}_x^C, \hat{J}_x^I) \longrightarrow \hat{\Pi}(\hat{a}, \hat{J}_x^C, \hat{J}_x^I)\hat{\Pi}^\dagger = (-\hat{a}, -\hat{J}_x^C, -\hat{J}_x^I). \tag{4.7}$$

tandis que $\hat{J}_z^k$ ($k = C, I$) et $\hat{a}^\dagger\hat{a}$ sont évidemment inchangés sous cette transformation.

Grâce au couplage aux deux quadratures différentes du champ, l'on peut
ici écrire $\hat{\Pi} = \hat{\mathcal{T}}_I \circ \hat{\mathcal{T}}_C$ où les symétries discrètes $\hat{\mathcal{T}}_I$ et $\hat{\mathcal{T}}_C$ sont conservées par
l'Hamiltonien (4.1) et sont définies par les transformations suivantes :

$$(\hat{a} + \hat{a}^\dagger, i(\hat{a} - \hat{a}^\dagger), \hat{J}_x^C, \hat{J}_x^I) \xrightarrow{\hat{\mathcal{T}}_I} (\hat{a} + \hat{a}^\dagger, -i(\hat{a} - \hat{a}^\dagger), \hat{J}_x^C, -\hat{J}_x^I) \tag{4.8}$$

$$(\hat{a} + \hat{a}^\dagger, i(\hat{a} - \hat{a}^\dagger), \hat{J}_x^C, \hat{J}_x^I) \xrightarrow{\hat{\mathcal{T}}_C} (-\hat{a} - \hat{a}^\dagger, i(\hat{a} - \hat{a}^\dagger), -\hat{J}_x^C, \hat{J}_x^I) \tag{4.9}$$

tandis que $\hat{a}^\dagger\hat{a}$, $\hat{J}_z^I$ et $\hat{J}_z^C$ restent inchangés sous ces deux transformations. $\hat{\mathcal{T}}_I$
et $\hat{\mathcal{T}}_C$ sont deux transformations anti-linéaires, duales l'une de l'autre et elles
inversent une quadrature du champ pendant qu'elles laissent l'autre fixe. En
fait, si l'on veut essayer d'attribuer un sens physique à ces transformations,
on peut rappeler que dans un résonateur par exemple, la première quadrature
du champ $(\hat{a} + \hat{a}^\dagger)$ est proportionnelle à la charge (ou la tension) du résonateur, tandis que la seconde $i(\hat{a} - \hat{a}^\dagger)$ est proportionnelle à son courant (ou à
son flux) [1]. De plus, on verra dans la section 4.5, que l' opérateur collectif $\hat{J}_x^C$
représente une somme d'opérateurs de charges pour les qubits couplés à la tension du résonateur, et $\hat{J}_x^I$ représente une somme d'opérateurs de flux pour les
qubits couplés inductivement. Ainsi, la transformation $\hat{\mathcal{T}}_I$, qui laisse inchangées
la tension du résonateur et les charges des qubits, mais inverse le courant (dé-
rivée temporelle d'une charge) et les flux (intégrale temporelle d'une tension)

---

1. voir formules (1.38) et (1.39).

peut être vue comme la symétrie par renversement du temps [2]. Il y a aussi une interprétation géométrique de ces symétries dans le plan des cohérences photoniques : $(Re(\langle a \rangle), Im(\langle a \rangle))$: alors que $\hat{\Pi}$ est la rotation d'angle π dans ce plan, $\hat{\mathcal{T}}_C$ agit comme la reflexion par rapport à l'axe des réels et $\hat{\mathcal{T}}_I$ comme la réflexion par rapport à l'axe des imaginaires. $\hat{\mathcal{T}}_C$ et $\hat{\mathcal{T}}_I$ se brisent spontanément lorsque les constantes de couplage Ω_C et Ω_I dépassent les valeurs critiques correspondantes. Alors le sous-espace fondamental devient dégénéré et acquiert des occupations photoniques et électroniques macroscopiques dans la limite thermodynamique.

4.2   Le diagramme de phase.

Les cohérences macroscopiques ainsi que les excitations bosoniques élémentaires du système dans la limite thermodynamique peuvent se calculer grâce à la transformation d'Holstein-Primakoff [56] qui permet de représenter les opérateurs de spins collectifs en fontion de deux modes bosoniques indépendants : $\hat{J}_+^k = \hat{b}_k^\dagger (N_k - \hat{b}_k^\dagger \hat{b}_k)^{1/2}$, $\hat{J}_-^k = (N_k - \hat{b}_k^\dagger \hat{b}_k)^{1/2} \hat{b}_k$ et $\hat{J}_z^k = \hat{b}_k^\dagger \hat{b}_k - N_k/2$ pour $k \in \{I, C\}$. L'Hamiltonien devient alors :

$$
\begin{aligned}
\hat{H}/\hbar = {} & \omega_{cav}\hat{a}^\dagger\hat{a} + \omega_C^0(\hat{b}_C^\dagger\hat{b}_C - \frac{N_C}{2}) + \omega_I^0(\hat{b}_I^\dagger\hat{b}_I - \frac{N_I}{2}) \\
& + \Omega_C(\hat{a} + \hat{a}^\dagger)\{\hat{b}_C^\dagger\sqrt{1 - \hat{b}_C^\dagger\hat{b}_C/N_C} + \sqrt{1 - \hat{b}_C^\dagger\hat{b}_C/N_C}\,\hat{b}_C\} \\
& + i\Omega_I(\hat{a} - \hat{a}^\dagger)\{\hat{b}_I^\dagger\sqrt{1 - \hat{b}_I^\dagger\hat{b}_I/N_I} + \sqrt{1 - \hat{b}_I^\dagger\hat{b}_I/N_I}\,\hat{b}_I\}
\end{aligned} \tag{4.10}
$$

Comme dans le chapitre 2, les excitations de la phase normale sont obtenues en négligeant les termes proportionnels à $(1/N_k)$ (pour $k = C, I$) dans l'Hamiltonien précédent qui devient alors quadratique dans les 3 modes a, b_I et b_C. Le mode normal avec la fréquence la plus petite, s'annule alors pour $\Omega_C = \Omega_C^{cr} = (1/2)\sqrt{\omega_{cav}\omega_C^0}$ et pour $\Omega_I = \Omega_I^{cr} = (1/2)\sqrt{\omega_{cav}\omega_I^0}$ [3], ce qui définit les deux lignes critiques montrées dans la figure 4.1 (en rouge).

Pour obtenir le diagramme complet, on doit supposer que les 2 chaînes et le champ peuvent acquérir des occupations macroscopiques. Ainsi, on déplace

---

2. Il a aussi été proposé récemment [83] une architecture comprenant un réseau de résonateurs supraconducteurs qui brisaient l'invariance par renversement du temps.

3. on donne en Annexe et ci-après la forme de la matrice de Hopfield-Bogoliubov à diagonaliser.

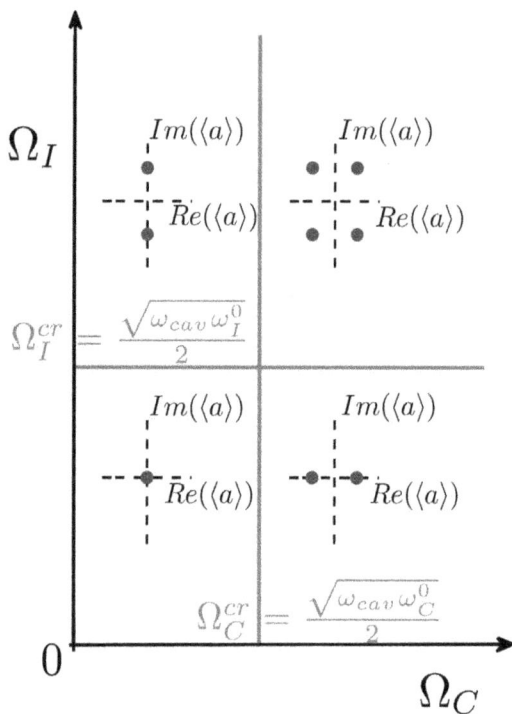

FIGURE 4.1 – Diagramme de phase du modèle considéré dans le plan (Ω_C, Ω_I). Les deux lignes critiques, en rouge, d'équation $\Omega_I = \Omega_I^{cr} = (1/2)\sqrt{\omega_{cav}\omega_I^0}$ et $\Omega_C = \Omega_C^{cr} = (1/2)\sqrt{\omega_{cav}\omega_C^0}$ délimitent 4 phases quantiques différentes. Dans chacune d'elle, la cohérence photonique typique des fondamentaux $\langle a \rangle = \pm\sqrt{\gamma_C} + \mp i\sqrt{\gamma_I}$ est représentée dans le plan complexe $(Re(\langle a \rangle), Im(\langle a \rangle))$ (points bleus). En particulier, pour $\Omega_C > \Omega_C^{cr}$ et $\Omega_I > \Omega_I^{cr}$, le sous-espace fondamental est 4 fois dégénéré, et les cohérences photoniques des 4 vides sont symétriques par rapport aux réflexions de l'axe des réels et de l'axe des imaginaires, ce qui prouve la brisure des symétries $\hat{\mathcal{T}}_I$ et $\hat{\mathcal{T}}_C$.

les 3 champs :

$$\hat{b}_C^\dagger \to \hat{d}_C^\dagger - \sqrt{\beta_C} \; ; \; \hat{b}_I^\dagger \to \hat{d}_I^\dagger - \sqrt{\beta_I} \text{ et } \hat{a}^\dagger \to \hat{c}^\dagger + \sqrt{\gamma_C} + i\sqrt{\gamma_I} \quad (4.11)$$

où $\gamma_C, \gamma_I, \beta_C$ et β_I sont réels et tels que $\gamma_C \sim \beta_C \sim N_C$ et $\gamma_I \sim \beta_I \sim N_I$ [21, 57]. En effectuant les substitutions correspondantes dans l'Hamiltonien (4.10), en développant les racines carrées $(1 - (\hat{d}_k^\dagger - \sqrt{\beta_k})(\hat{d}_k - \sqrt{\beta_k})/N_k)^{1/2}$, et en annullant les termes dont la puissance de N_k au dénominateur est supérieure à celle du numérateur (pour $k = I, C$), on obtient un Hamiltonien avec des fonctions constantes, linéaires et quadratiques des opérateurs bosoniques $\hat{c}$, $\hat{d}_C$, $\hat{d}_I$ et leur hermitiens conjugués (voir Annexe). L'annulation des termes linéaires donne les solutions pour les déplacements :

$$\sqrt{\gamma_C} + i\sqrt{\gamma_I} = \epsilon_C \frac{\Omega_C \sqrt{N_C(1 - \tilde{\mu}_C^2)}}{\omega_{cav}} + i\epsilon_I \frac{\Omega_I \sqrt{N_I(1 - \tilde{\mu}_I^2)}}{\omega_{cav}}$$

$$\sqrt{\beta_C} = \epsilon_C \sqrt{\frac{N_C}{2}(1 - \tilde{\mu}_C)} \; ; \; \sqrt{\beta_I} = \epsilon_I \sqrt{\frac{N_I}{2}(1 - \tilde{\mu}_I)} \quad (4.12)$$

où nous avons introduit, pour $k = C, I$, les quantités $\tilde{\mu}_k$ qui valent 1 si $\Omega_k < \Omega_k^{cr}$ et $\frac{\omega_k^0 \omega_{cav}}{4\Omega_k^2}$ si $\Omega_k > \Omega_k^{cr}$, ainsi que les nombres $\epsilon_k = \pm 1$ utilisés pour rassembler toutes les solutions. A partir de ces solutions, on peut conclure à l'existence de quatre phases différentes. Pour $\Omega_C < \Omega_C^{cr}$ et $\Omega_I < \Omega_I^{cr}$, la phase *normale* est caractérisée par un vide non dégénéré sans cohérence macroscopique. Pour $\Omega_C > \Omega_C^{cr}$ et $\Omega_I < \Omega_I^{cr}$, il y a une phase *superradiante* avec un vide deux fois dégénéré ayant une cohérence photonique réelle et une occupation macroscopique non nulle pour la chaîne indicée par la lettre C . La troisième phase apparaît pour $\Omega_C < \Omega_C^{cr}$ et $\Omega_I > \Omega_I^{cr}$, elle est aussi *superradiante* avec un vide deux fois dégénéré , une cohérence photonique imaginaire et une occupation macroscopique pour la deuxième chaîne de pseudo-spins (indicée par la lettre I). Enfin, lorsque $\Omega_C > \Omega_C^{cr}$ et $\Omega_I > \Omega_I^{cr}$, la phase est *doublement superradiante* avec un sous-espace fondamental quatre fois dégénéré, des cohérences photoniques complexes et des cohérences électroniques pour les deux chaînes d'atomes. Le diagramme de phase correspondant est montré en Fig. 4.1.

De plus, pour obtenir les excitations bosoniques élémentaires qui prennent place autour de ces déplacements, pour toute valeur de Ω_I et Ω_C, on doit déterminer les 3 valeurs propres positives $(\tilde{\omega}_l \leq \tilde{\omega}_m \leq \tilde{\omega}_u)$ de la matrice de Bogoliubov $\tilde{\mathcal{M}}$ de taille 6×6 qui s'écrit :

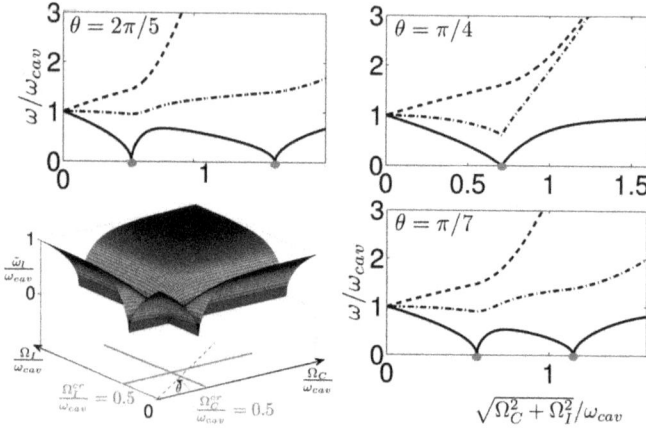

FIGURE 4.2 – En bas, à gauche : excitation bosonique collective normalisée $\tilde{\omega}_l/\omega_{cav}$ dans le plan (Ω_C, Ω_I), calculée à résonance $(\omega_I^0 = \omega_C^0 = \omega_{cav})$. C'est le mode normal de plus basse fréquence associée à l'Hamilonien (4.1) dans sa limite thermodynamique. $\tilde{\omega}_l$ s'annule aux lignes critiques (en rouge) $\Omega_C = \Omega_C^{cr}$ et $\Omega_I = \Omega_I^{cr}$. Les trois autres panneaux montrent les excitations bosoniques élémentaires $\tilde{\omega}_l \leq \tilde{\omega}_m \leq \tilde{\omega}_u$ tracées en fonction de $\sqrt{\Omega_C^2 + \Omega_I^2}/\omega_{cav}$ pour des valeurs fixes du rapport Ω_C/Ω_I. Ce sont les modes normaux de l'Hamiltonien (4.1) pour lequel $\Omega_C = \cos(\theta)\sqrt{\Omega_C^2 + \Omega_I^2}$ et $\Omega_I = \sin(\theta)\sqrt{\Omega_C^2 + \Omega_I^2}$. Comme exemple, on les montre pour les valeurs $\theta = 2\pi/5$ (en haut à gauche), $\theta = \pi/4$ (en haut à droite), $\theta = \pi/7$ (en bas, à droite). Les points critiques quantiques (Q.C.P) ($\tilde{\omega}_l = 0$, points rouges) se situent à l'intersection des rayons $\theta = 2\pi/5$, $\theta = \pi/4$ ou $\theta = \pi/7$ avec les lignes critiques $\Omega_C = \Omega_C^{cr}$ et $\Omega_I = \Omega_I^{cr}$ (en rouge, en bas à gauche). Pour $\theta \not\equiv \pi/4 \; [\pi/2]$, deux points critiques différents signifient deux brisures de symétrie consécutives. Le mode minimal $\tilde{\omega}_l$ s'y annule comme la racine carrée de l'écart aux points critiques. Pour $\theta \equiv \pi/4 \; [\pi]$, les deux brisures se produisent au même point, et $\tilde{\omega}_l$ s'y annule linéairement.

$$\begin{pmatrix} \omega_{cav} & \tilde{\Omega}_C & i\tilde{\Omega}_I & 0 & -\tilde{\Omega}_C & -i\tilde{\Omega}_I \\ \tilde{\Omega}_C & \tilde{\omega}_C^0 + 2\tilde{D}_C & 0 & -\tilde{\Omega}_C & -2\tilde{D}_C & 0 \\ -i\tilde{\Omega}_I & 0 & \tilde{\omega}_I^0 + 2\tilde{D}_I & -i\tilde{\Omega}_I & 0 & -2\tilde{D}_I \\ 0 & \tilde{\Omega}_C & -i\tilde{\Omega}_I & -(\omega_{cav}) & -\tilde{\Omega}_C & i\tilde{\Omega}_I \\ \tilde{\Omega}_C & 2\tilde{D}_C & 0 & -\tilde{\Omega}_C & -(\tilde{\omega}_C^0 + 2\tilde{D}_C) & 0 \\ -i\tilde{\Omega}_I & 0 & 2\tilde{D}_I & -i\tilde{\Omega}_I & 0 & -(\tilde{\omega}_I^0 + 2\tilde{D}_I) \end{pmatrix} \quad (4.13)$$

où $\tilde{\omega}_k^0 = \omega_k^0(1+\tilde{\mu}_k)/(2\tilde{\mu}_k)$, $\tilde{\Omega}_k = \sqrt{2}\Omega_k\tilde{\mu}_k/\sqrt{1+\tilde{\mu}_k}$ et $\tilde{D}_k = \{\omega_k^0(3+\tilde{\mu}_k)(1-\tilde{\mu}_k)\}/(8\tilde{\mu}_k + 8\tilde{\mu}_k^2)$ $(k = C, I)$. La matrice $\tilde{\mathcal{M}}$ est d'ailleurs valable pour toutes les phases, grâce à la définition synthétique des paramètres $\tilde{\mu}_C$ et $\tilde{\mu}_I$. Les excitations élémentaires $\tilde{\omega}_l$ exhibent plusieurs points critiques [54] où il existe des excitations collectives nulles ('*gapless excitation*') (voir figure 4.2). Hormis au point $(\Omega_C^{cr}, \Omega_I^{cr})$, où elle s'annule linéairement, le comportement de $\tilde{\omega}_l$ aux points critiques est analogue à celui du mode normal minimal dans l'Hamiltonien de Dicke standard [21, 57]. La diagonalisation de la matrice précédente permet en outre de réécrire l'Hamiltonien (4.10) comme une somme de trois oscillateurs découplés :

$$\hat{H}/\hbar = \tilde{\omega}_l \tilde{B}_l^\dagger \tilde{B}_l + \tilde{\omega}_m \tilde{B}_m^\dagger \tilde{B}_m + \tilde{\omega}_u \tilde{B}_u^\dagger \tilde{B}_u + \tilde{E}_G \quad (4.14)$$

où les opérateurs $\tilde{B}_i$ pour $i \in \{l, m, u\}$ sont bosoniques et indépendants [4] :

$$\hat{B}_i = \tilde{u}_i^{ph}\hat{c} + \tilde{u}_i^C\hat{d}_C + \tilde{u}_i^I\hat{d}_I + \tilde{v}_i^{ph}\hat{c}^\dagger + \tilde{v}_i^C\hat{d}_C^\dagger + \tilde{v}_i^I\hat{d}_I^\dagger \quad (4.15)$$

où $(\tilde{u}_i^{ph}, \tilde{u}_i^C, \tilde{u}_i^I, \tilde{v}_i^{ph}, \tilde{v}_i^C, \tilde{v}_i^I)^T$ est le vecteur propre de $\tilde{\mathcal{M}}$ correspondant à la valeur propre $\tilde{\omega}_i$, et normalisé de telle sorte que $[\hat{B}_i, \hat{B}_i^\dagger] = 1$ pour $i \in \{l, m, u\}$. A partir des coefficients analytiques de ces opérateurs, on détermine les fonctions d'onde des états propres du modèle dans la limite thermodynamique. On donnera plus tard un exemple simple d'application. De plus, grâce à l'expression précédente, on détermine aussi l'énergie du fondamental $\tilde{E}_G$:

$$\tilde{E}_G = 1/2(\tilde{\omega}_l + \tilde{\omega}_m + \tilde{\omega}_u - \omega_{cav} - \tilde{\omega}_C^0 - \tilde{\omega}_I^0)$$
$$- \frac{\omega_C^0}{4\tilde{\mu}_C}\{N_C(1+\tilde{\mu}_C^2) + (1-\tilde{\mu}_C)\} - \frac{\omega_I^0}{4\tilde{\mu}_I}\{N_I(1+\tilde{\mu}_I^2) + (1-\tilde{\mu}_I)\}. \quad (4.16)$$

On peut aussi étudier les propriétés de ce modèle dans le cas fini et dans la limite de couplage ultrafort.

---

4. Nous avons choisi d'éviter de les appeler $\tilde{P}_i$ pour ne pas interférer avec les variables d'impulsion P que l'on introduira par la suite.

4.3   Les effets de taille finie.

Considérons la limite où les deux constantes de couplage tendent vers l'infini : $\Omega_C/\omega_C^0 \to +\infty$ et $\Omega_I/\omega_I^0 \to +\infty$ pour un nombre fini d'atomes dans les deux chaînes. Comme dans un chapitre précédent, l'idée du traitement du modèle fini est de négliger d'abord les deux Hamiltoniens atomiques $\omega_C^0 \hat{J}_z^C$ et $\omega_I^0 \hat{J}_z^I$ dans l'Hamiltonien (4.1), de telle sorte que l'on a à diagonaliser :

$$\frac{\hat{H}_{fc}}{\hbar} = \omega_{cav}\hat{a}^\dagger\hat{a} + \frac{\Omega_C}{\sqrt{N_C}}(\hat{a}+\hat{a}^\dagger)(\hat{J}_+^C + \hat{J}_-^C) + i\frac{\Omega_I}{\sqrt{N_I}}(\hat{a}-\hat{a}^\dagger)(\hat{J}_+^I + \hat{J}_-^I). \ (4.17)$$

Les états propres (exacts) $|e_{q,m_C,m_I}\rangle$ et les énergies propres E_{q,m_C,m_I} donnent pour $q = 0,1,2,...,+\infty$, $-N_C/2 \le m_C \le N_C/2$ et $-N_I/2 \le m_I \le N_I/2$:

$$|e_{q,m_C,m_I}\rangle = \frac{1}{\sqrt{q!}}(a^\dagger + \frac{2\Omega_C m_C}{\omega_{cav}\sqrt{N_C}} + \frac{2i\Omega_I m_I}{\omega_{cav}\sqrt{N_I}})^q \frac{-2\Omega_C m_C}{\omega_{cav}\sqrt{N_C}} + \frac{2i\Omega_I m_I}{\omega_{cav}\sqrt{N_I}}\rangle \otimes |m_C,m_I\rangle_x$$

$$E_{q,m_C,m_I} = q\omega_{cav} - \frac{4}{\omega_{cav}}\{\frac{\Omega_C^2 m_C^2}{N_C} + \frac{\Omega_I^2 m_I^2}{N_I}\} \quad\quad (4.18)$$

où $|\frac{-2\Omega_C m_C}{\omega_{cav}\sqrt{N_C}} + \frac{2i\Omega_I m_I}{\omega_{cav}\sqrt{N_I}}\rangle\otimes|m_C,m_I\rangle_x$ est le produit d'un état cohérent $|\frac{-2\Omega_C m_C}{\omega_{cav}\sqrt{N_C}} + \frac{2i\Omega_I m_I}{\omega_{cav}\sqrt{N_I}}\rangle$ pour la partie photonique et d'états de Dicke dans la *direction* x pour les deux chaînes : $|N_C/2,m_C\rangle_x \otimes |N_I/2,m_I\rangle_x$, que l'on a écrit directement $|m_C,m_I\rangle_x$ pour alléger les notations. Ces états vérifient, pour $k = C,I$:

$$\hat{J}_x^k|N_k/2,m_k\rangle_x = (1/2)(\hat{J}_+^k + \hat{J}_-^k)|N_k/2,m_k\rangle_x = m_k|N_k/2,m_k\rangle_x$$

$$|\hat{\mathbf{J}}^k|^2|N_k/2,m_k\rangle_x = (1/4)N_k(N_k+2)|N_k/2,m_k\rangle_x. \quad\quad (4.19)$$

En particulier, il y a 4 vides dégénérés :

$$|g_{++}\rangle = |e_{0,N_C/2,N_I/2}\rangle = |-\frac{\Omega_C\sqrt{N_C}}{\omega_{cav}} + i\frac{\sqrt{N_I}\Omega_I}{\omega_{cav}}\rangle \otimes |N_C/2,N_I/2\rangle_x \quad\quad (4.20)$$

$$|g_{-+}\rangle = |e_{0,-N_C/2,N_I/2}\rangle = |\frac{\Omega_C\sqrt{N_C}}{\omega_{cav}} + i\frac{\sqrt{N_I}\Omega_I}{\omega_{cav}}\rangle \otimes |-N_C/2,N_I/2\rangle_x \quad\quad (4.21)$$

$$|g_{+-}\rangle = |e_{0,N_C/2,-N_I/2}\rangle = |-\frac{\Omega_C\sqrt{N_C}}{\omega_{cav}} - i\frac{\sqrt{N_I}\Omega_I}{\omega_{cav}}\rangle \otimes |N_C/2,-N_I/2\rangle_x \quad (4.22)$$

$$|g_{--}\rangle = |e_{0,-N_C/2,-N_I/2}\rangle = |\frac{\Omega_C\sqrt{N_C}}{\omega_{cav}} - i\frac{\sqrt{N_I}\Omega_I}{\omega_{cav}}\rangle \otimes |-N_C/2,-N_I/2\rangle_x$$

$$(4.23)$$

Leur énergie est $E_g = -\frac{\Omega_C^2 N_C}{\omega_{cav}} - \frac{\Omega_I^2 N_I}{\omega_{cav}}$, qui converge vers l'expression (4.16) quand $N_k \to +\infty$ et $\Omega_k/\omega_k^0 \to +\infty$ (pour $k = I,C$) .

Si l'on ajoute maintenant l'Hamiltonien atomique de la chaîne d'atomes couplés à la quadrature magnétique $i(\hat{a} - \hat{a}^{\dagger})$, c'est à dire l'Hamiltonien atomique $\omega_I^0 \hat{J}_z^I$, la dégénérescence des 4 vides se lèvent partiellement pour former deux doublets. Pour calculer approximativement l'écart énergétique entre les deux doublets, on peut utiliser des développements perturbatifs similaires à ceux que l'on avait utilisés dans le chapitre 3 pour une seule chaîne d'atomes; le splitting est alors de l'ordre de $\omega_I^0 e^{-2N_I \Omega_I^2/\omega_{cav}^2}$. Puis, si l'on inclut l'autre Hamiltonien atomique $\omega_C^0 \hat{J}_z^C$, la dégénérescence de chaque doublet se lève encore de telle sorte qu'il y a quatre états propres différents qui sont combinaisons linéaires (avec des poids symétriques) des quatre états $|g_{\pm\pm}\rangle$.

Si l'on appelle δ_4, la différence d'énergie entre le fondamental et le troisième état excité, il est approximativement donné par le maximum de $\omega_I^0 e^{-2N_I \Omega_I^2/\omega_{cav}^2}$ et $\omega_C^0 e^{-2N_C \Omega_C^2/\omega_{cav}^2}$: $\delta_4 \sim max(\omega_I^0 e^{-2N_I \Omega_I^2/\omega_{cav}^2}, \omega_C^0 e^{-2N_C \Omega_C^2/\omega_{cav}^2})$. Ces résultas sont en bon accord avec les simulations numériques de la figure 4.3.

Pour la plupart des applications (i.e lorsque les temps typiques rentrant en jeu sont plus courts que $1/\delta_4$), tout se passe comme si les 4 premiers niveaux étaient exactement dégénérés; on parlera de 'quasi-degenerescence'.

4.4   Phase de Berry.

4.4.1   Calcul de la phase à partir du modèle fini

En particulier, une application possible serait la création de phases géométriques, en modulant Ω_C et Ω_I le long d'un chemin fermé $\mathcal{L}$ (voir figure 4.4) à un rythme adiabatique . Cette condition signifie que le temps typique d'évolution des paramètres Ω_C et Ω_I est long devant $1/\omega_{cav}$ qui est proche de l'inverse de l'écart de fréquence entre le sous-espace fondamental quasi-dégénéré et le cinquième niveau. [5] On crée ainsi une phase de Berry [84, 85] qui est un opérateur unitaire dont les coefficients dans la base $\{|g_{++}\rangle, |g_{+-}\rangle, |g_{-+}\rangle, |g_{--}\rangle\}$ s'évaluent en calculant les connecteurs de Wilczek-Zee [84, 85] $\langle g_{\pm\pm}|\frac{\partial}{\partial\Omega_k}|g_{\pm\pm}\rangle$ (pour $k = I, C$) en chaque point du chemin $\mathcal{L}$. Par exemple, le premier coeffi-

---

5. Si ce même temps d'évolution est très court devant l'inverse du splitting δ_4, alors tout se passera comme si le sous-espace fondamental était exactement dégénéré : δ_4 étant exponentiellement petits, cette condition sera facilement vérifiée.

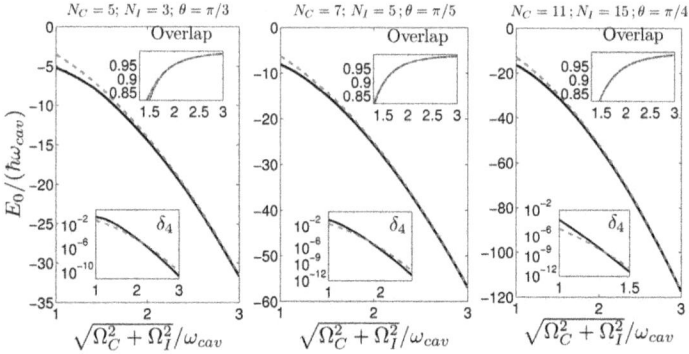

FIGURE 4.3 – Expression asymptotique de l'énergie du fondamental $E_g = -\frac{\Omega_C^2 N_C}{\omega_{cav}} - \frac{\Omega_I^2 N_I}{\omega_{cav}}$ (ligne rouge pointillée) comparée à la valeur numérique (ligne solide noire) de l' Hamiltonien (4.1) dans lequel $\Omega_C = \cos(\theta)\sqrt{\Omega_C^2 + \Omega_I^2}$ et $\Omega_I = \sin(\theta)\sqrt{\Omega_C^2 + \Omega_I^2}$. Ces quantités sont tracées en fonction de $\sqrt{\Omega_C^2 + \Omega_I^2}/\omega_{cav}$ pour différentes valeurs de $\{N_C; N_I; \theta\}$. Fenêtres en haut : recouvrements entre les 4 premiers états propres numériques $|\psi_s\rangle$ (pour $s = 1, ..4$) de l'Hamiltonien (4.1) et les états $|g_{\pm\pm}\rangle$ qui sont les fondamentaux analytiques de $\hat{H}_{fc}$ (voir texte). Ces recouvrements sont définis par $\sqrt{\sum_{\epsilon_C,\epsilon_I=\pm} |\langle\psi_s|g_{\epsilon_C,\epsilon_I}\rangle|^2}$, pour $s = 1, 2, 3$ et 4 et sont tracés respectivement en rouge, noir, bleu et magenta (les courbes se superposent très vite). Fenêtres du bas : splitting numérique δ_4 entre le quatrième niveau et le fondamental de l' Hamiltonien (4.1) (voir définition dans le texte), tracé en noir, et comparés à $max(\omega_C^0 e^{-2N_C \Omega_C^2/\omega_{cav}^2}, \omega_I^0 e^{-2N_I \Omega_I^2/\omega_{cav}^2})$ tracés en pointillés rouges. L'accord est relativement bon et prouve la pertinence du calcul perturbatif.

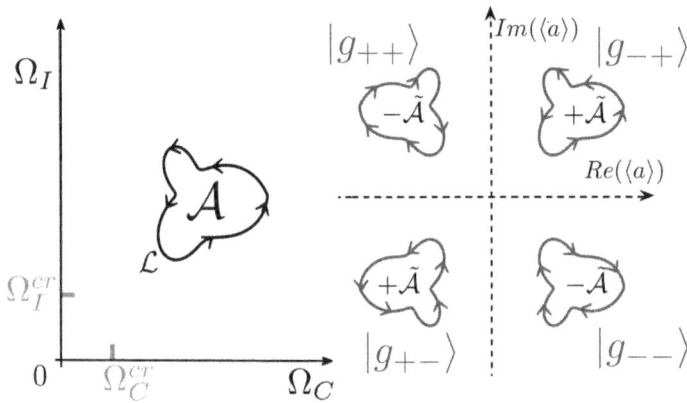

FIGURE 4.4 – Gauche : chemin $\mathcal{L}$ qui délimite une surface $\mathcal{A}$ dans l'espace des paramètres (Ω_C, Ω_I). A droite : évolution correspondante des cohérences photoniques des 4 vides dégénérés dans l'espace des cohérences $\{\alpha \in \mathbb{C}\}$: ces cohérences photoniques entourent des surfaces algébriques $\pm\tilde{\mathcal{A}} \simeq \pm 2\mathcal{A}\sqrt{N_C N_I}/\omega_{cav}^2$. Une telle évolution adiabatique permettrait de créer une porte à 2 qubits de phase conditionnelle $\hat{U}(\tilde{\mathcal{A}})$ dans la base $\{|g_{++}\rangle, |g_{+-}\rangle, |g_{-+}\rangle, |g_{--}\rangle\}$ (voir texte)

cient de $\langle g_{\pm\pm}|\frac{\partial}{\partial\Omega_C}|g_{\pm\pm}\rangle$ donne :

$$\langle g_{++}|\frac{\partial}{\partial\Omega_C}|g_{++}\rangle = \langle -\frac{\Omega_C\sqrt{N_C}}{\omega_{cav}} + i\frac{\sqrt{N_I}\Omega_I}{\omega_{cav}}|\frac{\partial}{\partial\Omega_C}| - \frac{\Omega_C\sqrt{N_C}}{\omega_{cav}} + i\frac{\sqrt{N_I}\Omega_I}{\omega_{cav}}\rangle$$

$$= \langle -\frac{\Omega_C\sqrt{N_C}}{\omega_{cav}} + i\frac{\sqrt{N_I}\Omega_I}{\omega_{cav}}|\frac{\partial}{\partial\Omega_C}e^{-(1/2)\{\frac{\Omega_C^2 N_C}{\omega_{cav}^2} + \frac{N_I\Omega_I^2}{\omega_{cav}^2}\}}e^{\{-\frac{\Omega_C\sqrt{N_C}}{\omega_{cav}} + i\frac{\sqrt{N_I}\Omega_I}{\omega_{cav}}\}a^\dagger}|0\rangle$$

$$= -\frac{N_C\Omega_C}{\omega_{cav}^2} - \frac{\sqrt{N_C}}{\omega_{cav}}\langle g_{++}|a^\dagger|g_{++}\rangle = i\sqrt{N_C N_I}\frac{\Omega_I}{\omega_{cav}^2}. \tag{4.24}$$

Les autres termes diagonaux sont calculés de la même manière et puisque les termes hors-diagonale sont de l'ordre de $e^{-2N_I\Omega_I^2/\omega_{cav}^2} \ll 1$ ou de $e^{-2N_C\Omega_C^2/\omega_{cav}^2} \ll 1$, ils peuvent être raisonnablement négligés si bien que

$$\langle g_{\pm\pm}|\frac{\partial}{\partial\Omega_C}|g_{\pm\pm}\rangle \simeq \begin{pmatrix} i\frac{\Omega_I\sqrt{N_I N_C}}{\omega_{cav}^2} & 0 & 0 & 0 \\ 0 & -i\frac{\Omega_I\sqrt{N_I N_C}}{\omega_{cav}^2} & 0 & 0 \\ 0 & 0 & -i\frac{\Omega_I\sqrt{N_I N_C}}{\omega_{cav}^2} & 0 \\ 0 & 0 & 0 & i\frac{\Omega_I\sqrt{N_I N_C}}{\omega_{cav}^2} \end{pmatrix} \tag{4.25}$$

De même, $\langle g_{\pm\pm}|\frac{\partial}{\partial\Omega_I}|g_{\pm\pm}\rangle$ se calcule de la même manière et permet d'écrire la phase de Berry à la fin du chemin $\mathcal{L}$ comme :

$$\hat{U}(\tilde{\mathcal{A}}) = \mathcal{P}e^{-\oint_{\mathcal{L}}\sum_{k=I,C}\langle g_{\pm\pm}|\frac{\partial}{\partial\Omega_k}|g_{\pm\pm}\rangle d\Omega_k} \simeq e^{\frac{-i\sqrt{N_C N_I}}{\omega_{cav}^2}(\oint_{\mathcal{L}}\Omega_I d\Omega_C - \Omega_C d\Omega_I)\hat{\Sigma}_z^C \otimes \hat{\Sigma}_z^I}$$

$$= e^{\frac{2i\sqrt{N_C N_I}}{\omega_{cav}^2}(\iint_{\mathcal{A}}d\Omega_I d\Omega_C)\hat{\Sigma}_z^C \otimes \hat{\Sigma}_z^I} = e^{i\tilde{\mathcal{A}}\hat{\Sigma}_z^C \otimes \hat{\Sigma}_z^I}, \tag{4.26}$$

où l'opérateur *'path ordering'* $\mathcal{P}$ a été enlevé parce que la matrice des connecteurs $\langle g_{\pm\pm}|\frac{\partial}{\partial\Omega_k}|g_{\pm\pm}\rangle$ est quasiment diagonale, où nous avons introduit $\hat{\Sigma}_z^C \otimes \hat{\Sigma}_z^I = diag(1, -1, -1, 1)$ et où, enfin, nous avons utilisé le théorème de Green ($\oint_{\mathcal{L}}\Omega_I d\Omega_C - \Omega_C d\Omega_I) = -2(\iint_{\mathcal{A}}d\Omega_I d\Omega_C) = -2\mathcal{A}$ afin d'exprimer l'angle algébrique associé à cette porte à deux qubits comme $\pm\tilde{\mathcal{A}} \simeq \pm 2\mathcal{A}\sqrt{N_C N_I}/\omega_{cav}^2$ avec $\mathcal{A}$ la surface encerclée par le chemin $\mathcal{L}$ dans le plan (Ω_C, Ω_I) (voir figure 4.4). $\hat{U}(\tilde{\mathcal{A}})$ a la forme d'une porte de phase conditionnelle à deux qubits dans la base $\{|g_{++}\rangle, |g_{+-}\rangle, |g_{-+}\rangle, |g_{--}\rangle\}$.

Nous verrons dans le chapitre 5 comment obtenir les portes à 1-qubit, d'une manière dynamique (en levant puis rétablissant la quasi- dégénérescence adiabatiquement grâce à la modulation du couplage lumière-matière, ou par la modulation de l'*angle* entre les directions de l'Hamiltonien atomique et de l'Hamiltonien de couplage). Nous décrirons alors les propriétés de protection dynamique de ces qubits collectifs spin-bosons. Donnons avant cela, un exemple de circuit qui pourrait permettre d'obtenir le diagramme précédent dans toutes ses phases, et de créer en particulier ces 4 vides dégénérés.

4.5 Une possible réalisation en circuit QED

En indiçant les deux chaînes indépendantes introduites dans l'Hamilonien (4.1) par les lettres C et I, nous faisons référence aux couplages 'capacitif' et 'inductif' dont on a parlé dans les précédents chapitres. Chacun de ces couplages fait intervenir une quadrature différente du champ du résonateur. Le couplage capacitif fait intéragir les charges d'un atome Josephson avec le champ de tension du résonateur $\hat{V}$ qui est proportionnel à la quadrature $(\hat{a} + \hat{a}^\dagger)$ [6]. Et le couplage inductif, dual du précédent, fournit une interaction entre le flux d'un qubit et le flux du résonateur $\hat{\phi}$ (ou son courant $\hat{I}$), qui est proportionnel à l'autre quadrature du champ $\hat{\phi} \propto i(\hat{a} - \hat{a}^\dagger)$, parce que le flux de branche est égal à l'intégrale dans le temps de la tension. Ainsi, comme nous l'avons vu dans le troisième chapitre, une chaîne de Fluxoniums couplés inductivement au résonateur peut subir un couplage à son premier mode de la forme $\hat{H}_I/\hbar = 2i\Omega_I/\sqrt{N_I}(\hat{a} - \hat{a}^\dagger)\hat{J}_x^I$. Tandis que N_C Boîtes à paires de Cooper identiques, intéragissant avec la tension du résonateur, par l'intermédiaire d'une capacité C_g, soumises à une tension de porte V_g telle que $n_g = C_g V_g/(2e) = 1/2$, et dans la limite où l'énergie Josephson de chaque boîte est très inférieure à l'énergie de charge, subissent un couplage dont l'Hamiltonien s'écrit $\hat{H}_C/\hbar = 2\Omega_C/\sqrt{N_C}(\hat{a} + \hat{a}^\dagger)\hat{J}_x^C$, ainsi que nous l'avons vu au chapitre 2 [7]. On combine ces deux types de couplage afin d'obtenir l'Hamiltonien monomode uniforme (4.1) dans le circuit de la figure 4.5.

---

6. Voir formules (1.38) et (1.39) . Nous montrons sur la figure 4.5 pourquoi l'on peut se restreindre à un seul mode bosonique.

7. Nous avions alors conjecturé qu'il était également possible d'obtenir un tel couplage, sans terme $\hat{\mathbf{A}}^2$, avec une chaîne de Fluxoniums couplés capacitivement. Cette hypothèse, qui remettrait en cause partiellement la forme usuelle du couplage capacitif en $4E_C(\hat{n} - \hat{n}_{ext})^2$, contrairement au cas des Boîtes à paires de Cooper dans le régime de charge, où les deux calculs convergent, doit attendre d'être vérifiée avant d'être raisonablement utilisée.

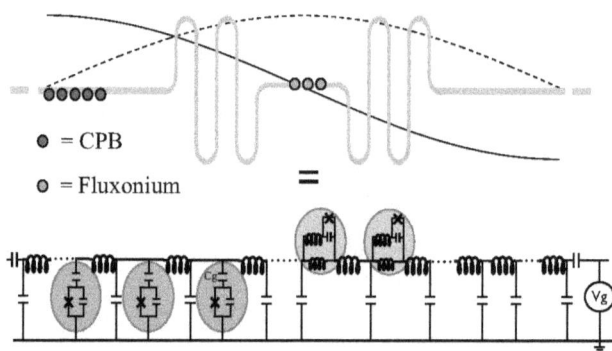

FIGURE 4.5 – Réalisation possible de l' Hamiltonien (4.1) en circuit QED. Une chaîne de Boîtes à paires de Cooper (=CPB, en bleu) couplées capacitivement au champ bosonique de tension d'un résonateur , et une chaîne de Fluxoniums (vert) couplés inductivement au champ de flux du résonateur. A cause des conditions aux bords (voir chapitres précédents), le profil du premier mode du champ de tension (ligne en traits pleins noirs au-dessus) a ses anti-noeuds aux extrémités du résonateur. Les Boîtes à paires de Cooper pourraient être placées à l'une de ces extrémités. A cause du couplage inductif, l'amplitude de l'interaction lumière-matière ressentie par les Fluxoniums est proportionelle au profil de courant dont le premier mode (en traits pointillés noirs) a un anti-noeud au centre : la chaîne de Fluxoniums pourrait être placée là. Supposant $(\omega_{cav} = \omega_I^0 = \omega_C^0)$, les modes bosoniques supérieurs peuvent être négligés étant suffisamment hors résonance. Les autres conditions pour obtenir un système décrit par l'Hamiltonien (4.1), qui est monomode et uniforme (mais double chaîne), sont expliquées dans le texte et les précédents chapitres.

Chapitre 5

Computation quantique avec des systèmes spin-bosons en régime de couplage ultrafort

Nous étudions dans ce chapitre les propriétés de cohérence d'une chaîne d'atomes de flux couplés inductivement à un résonateur dans le régime de couplage ultrafort. Nous prouvons qu'un tel système peut former un qubit collectif résistant à un certain type de bruit anisotrope dont nous montrons qu'il paraît réaliste dans le cas des Fluxoniums. La forme de l'équation maîtresse utilisée pour calculer la cohérence de ces qubits est analysée. On démontre alors que les temps de cohérence dépendent du nombre de photons contenus dans les deux premiers états propres et qu'ils atteignent un maximum dans le régime de couplage ultrafort. On compare ces résultats pour différents nombres d'atomes dans la chaîne. Puis, nous donnons un moyen d'obtenir un ensemble universel de portes à un et à deux qubits à partir de ce système. Une telle architecture est d'ailleurs généralisable à un nombre arbitraire de qubits grâce à l'emploi de plusieurs résonateurs connectés entre eux. Nous calculons enfin les fidélités des portes à un et deux qubits et l'on montre qu'elles présentent aussi un maximum dans le régime de couplage ultrafort.

Les résultats de ce chapitre ont été publiés dans l'article [87].

5.1 Le système envisagé

Nous considèrons un ensemble de N Fluxoniums couplés inductivement à un résonateur supraconducteur (voir figure 5.1). Sous certaines conditions détaillées dans le chapitre 3, ce système peut être décrit par l'Hamiltonien spin-boson :

$$\hat{H}/\hbar = \omega_{cav}\hat{a}^{\dagger}\hat{a} + \omega_{eg}\sum_{j=1}^{N}\hat{\sigma}_{z}^{j} + \sum_{j=1}^{N}i\frac{\Omega_0}{\sqrt{N}}(\hat{a} - \hat{a}^{\dagger})\hat{\sigma}_{x}^{j}. \tag{5.1}$$

où toutes les notations ont été déjà introduites. En plaçant les Fluxoniums au centre du résonateur, on peut raisonnablement négliger les modes bosoniques de nombre d'onde strictement supérieur à un, ainsi que la variation spatiale du premier mode.

On a alors vu que dans la limite de grand couplage $\Omega_0/\omega_{cav} \gg 1$, les deux premiers niveaux deviennent quasi dégénérés avec un splitting $\delta \sim \omega_{eg}e^{-2\frac{\Omega_0^2}{\omega_{cav}^2}N}$, où ω_{eg} est la fréquence de transition d'un système à deux niveaux. La fonction d'onde du fondamental prend alors la forme :

$$|\Psi_G\rangle \simeq \frac{1}{\sqrt{2}}\left\{|\alpha\rangle_{ph}\,\Pi_{j=1}^{N}|+\rangle_j + (-1)^{N}|-\alpha\rangle_{ph}\,\Pi_{j=1}^{N}|-\rangle_j\right\} \tag{5.2}$$

qui est analogue à celle du premier état excité :

$$|\Psi_E\rangle \simeq \frac{1}{\sqrt{2}}\left\{|\alpha\rangle_{ph}\,\Pi_{j=1}^{N}|+\rangle_j - (-1)^{N}|-\alpha\rangle_{ph}\,\Pi_{j=1}^{N}|-\rangle_j\right\}. \tag{5.3}$$

Ces deux états intriqués sont donc des superpositions symétriques et antisymétriques d'états cohérents (pour la partie photonique) de cohérence opposée et vérifiant $|\alpha| \sim \sqrt{N}\Omega_0/\omega_{cav}$, multipliés par des états ferromagnétiques (pour la partie électronique) de direction opposée. Dans cette limite, chaque atome est ainsi *'polarisé'* dans la direction du couplage (la direction x), c'est à dire que les états $|\pm\rangle_j$ vérifient $\hat{\sigma}_{x}^{j}|\pm\rangle_j = \pm|\pm\rangle_j$ pour tout $j = 1...N$. Toujours dans cette limte, les autres états excités sont beaucoup plus hauts en énergie, avec une séparation par rapport au premier doublet donnée par $\Delta \sim \omega_{eg} >> \delta$ (à résonance $\omega_{eg} = \omega_{cav}$). Une caractéristique supplémentaire de ce système nous conduit à étudier une possible application en information quantique. Nous

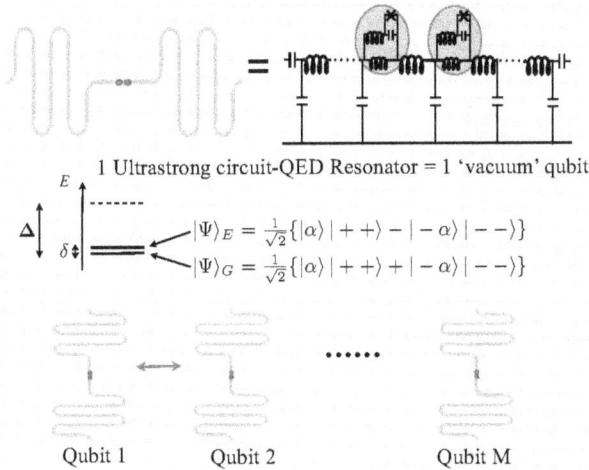

FIGURE 5.1 – Description du système considéré. L'élément de base de cette architecture est composé d'une ligne de transmission résonante à laquelle sont couplés N atomes Josesphson ($N = 2$ ici). En choisissant le type d'atomes et de couplage (le circuit montré ici représente des Fluxoniums couplés inductivement au résonateur), les deux premiers états propres du système sont des états intriqués ($|\alpha\rangle$ est un état cohérent photonique, $|\pm\rangle$ est l'état du pseudo-spin Josephson 'polarisé' le long de la direction x). Un résonateur représente un simple qubit : un registre de M qubits sera donné par M résonateurs.

avons en effet prouvé à la fin du chapitre 3, que la quasi-dégénérescence entre les états $|\Psi_G\rangle$ et $|\Psi_E\rangle$ résiste aux perturbations locales statiques du type :

$$\hat{H}_{y,z}^{pert} = \sum_{j=1}^{N} h_{y,j}\hat{\sigma}_{y,j} + h_{z,j}\hat{\sigma}_{z,j}, \qquad (5.4)$$

où $h_{y,j}$ et $h_{z,j}$ sont des amplitudes aléatoires décorrélées d'un site à l'autre. Cela provient du fait que dans le sous-espace $\{|\Psi_G\rangle, |\Psi_E\rangle\}$, une telle perturbation couple (à l'ordre N) des états cohérents de phase opposée $|-\alpha\rangle$ et $|\alpha\rangle$. L'effet de la perturbation, on l'a vu , est alors proportionnel au recouvrement $\langle -\alpha|\alpha\rangle = \exp\left(-2|\alpha|^2\right) \sim \exp(-2\frac{\Omega_0^2}{\omega_{cav}^2}N)$. Ainsi, plus grand sera le couplage Ω_0 , plus nombreux seront les atomes artificiels, et plus important sera le nombre

$|\alpha|^2$, qui réprésente 'la taille' des chats photoniques $|\Psi_G\rangle$ et $|\Psi_E\rangle$. Malheureusement, la protection n'est pas complète [88], parce que la dégénérescence n'est pas protégée par rapport à des fluctuations du genre $H_x^{pert} = \sum_{j=1}^N h_{x,j}\hat{\sigma}_{x,j}$ et $H_{\hat{a}}^{pert} = h_a\hat{a} + h_a^*\hat{a}^\dagger$, qui représentent un bruit dans la direction du couplage lumière-matière et un bruit associé au champ du résonateur. Cependant, si dans un circuit supraconducteur, les perturbations comme $\hat{H}_{y,z}^{pert}$ se trouvent être les perturbations dominantes, alors la durée de vie et les fidélités des opérations quantiques impliquant les états $|\Psi_G\rangle$ et $|\Psi_E\rangle$ augmenteront considérablement avec Ω_0/ω_{cav} et/ou N.

5.2   L'anisotropie du bruit

En fait, parmi les différents qubits de flux [12, 18, 29, 33], une telle anisotropie du bruit paraît réaliste au moins pour le Fluxonium [33]. Nous avons vu au chapitre 1 que son Hamiltonien pouvait s'écrire :

$$H_F = 4E_{C_J}\hat{N}_J^2 + E_{L_J}\frac{(\hat{\varphi}_J)^2}{2} - E_J\cos(\hat{\varphi}_J + \Phi_{ext}).$$ (5.5)

Or, les paramètres physiques de cet Hamiltonien sont soumis à des fluctuations : $\Phi_{ext} = \pi + \Delta\Phi_{ext}$ avec $\Delta\Phi_{ext}$ 'du bruit de flux' (en unités de $\Phi_0 = \hbar/2e$), $E_J = E_J + \Delta E_J$ avec $\Delta E_J = \Delta I_0/\Phi_0$ proportionnel aux fluctuations du courant critique, et $\hat{N}_J = \hat{N}_J + \Delta N_0$, ΔN_0 le bruit de charges résiduelles. On peut aussi introduire un bruit portant sur les capacités et inductances : $E_{C_J} = E_{C_J} + \Delta E_{C_J}$ et $E_{L_J} = E_{L_J} + \Delta E_{L_J}$. Quand les sources de bruit sont éteintes, nous avons déjà vu que les deux premiers états propres du Fluxonium sont très isolés des états d'énergie supérieure pourvu que $E_J \gg E_{L_J}$ et $E_J \gg E_{C_J}$. Alors, l'Hamiltonien (5.5) s'écrit $\hat{H}_F \simeq \hbar(\omega_{eg}/2)\hat{\sigma}_z$ dans la base des deux premiers états propres qui sont, rappelons-le, les combinaisons symétriques et antisymétriques d'états de courants persistants de sens opposé. Sur la même base, $\hat{\varphi}_J \simeq -\varphi_{01}\hat{\sigma}_x$ et $\hat{N}_J \simeq \frac{\omega_{eg}}{8E_C}\varphi_{01}\hat{\sigma}_y$ (où $\varphi_{01} \simeq 3$). Les fluctuations produisent alors (au premier ordre) les perturbations :

$$\hat{H}_{F,pert}/\hbar \simeq \Delta\Phi_{ext}sin(\varphi_{01})(E_J/\hbar)\hat{\sigma}_x + \Delta N_0\varphi_{01}\omega_{eg}\hat{\sigma}_y$$ (5.6)
$$+ (\frac{\partial\omega_{eg}}{\partial E_J}E_J\frac{\Delta I_0}{I_0} + \frac{\partial\omega_{eg}}{\partial E_{C_J}}E_{C_J}\frac{\Delta E_{C_J}}{E_{C_J}} + \frac{\partial\omega_{eg}}{\partial E_L}E_L\frac{\Delta E_L}{E_L})\hat{\sigma}_z.$$

Les mesures d'un certain nombre d'expériences portant sur les qubits de flux établissent la valeur de la densité spectrale de bruit de flux $S_{\Delta\Phi_{ext}}^{1/2}$ à $10^{-6}/\sqrt{Hz}$

[37, 38]. Le bruit de courant critique $\Delta I_0/I_0 = \Delta E_J/E_J$, dont on pense qu'il suit aussi une loi spectrale en $1/f$ [89, 90], a été récemment évalué [91] pour un Fluxonium : $S_{\Delta E_J/E_J}^{1/2} \approx 3.10^{-5}/\sqrt{Hz}$. Cela prouve que la dissipation dans la direction $\hat{\sigma}_z$ est beaucoup plus grande que celle de la direction $\hat{\sigma}_x$.

5.3   Les temps de cohérence

5.3.1   L'équation maîtresse utilisée

Pour étudier le comportement du qubit $\{|\Psi_G\rangle, |\Psi_E\rangle\}$ en présence de dissipation, on utilise l'équation maîtresse suivante [92] (dont on redonne une dérivation en Annexes) :

$$\frac{d\hat{\rho}}{dt} = \frac{1}{i\hbar}[\hat{H}, \hat{\rho}] + \sum_{r=r_v, r_f} \hat{U}_r\hat{\rho}\hat{S}_r + \hat{S}_r\hat{\rho}\hat{U}_r^\dagger - \hat{S}_r\hat{U}_r\hat{\rho} - \hat{\rho}\hat{U}_r^\dagger\hat{S}_r$$

$$+ \sum_{j=1}^{N} \sum_{m=x_j, y_j, z_j} \hat{U}_m\hat{\rho}\hat{S}_m + \hat{S}_m\hat{\rho}\hat{U}_m^\dagger - \hat{S}_m\hat{U}_m\hat{\rho} - \hat{\rho}\hat{U}_m^\dagger\hat{S}_m, \qquad (5.7)$$

où $\hat{\rho}$ est la matrice densité, $\hat{H}$ est l'Hamiltonien (5.1) et où les opérateurs de 'saut' sont $\hat{S}_{r_v} = \hat{a} + \hat{a}^\dagger$, $\hat{S}_{r_f} = i(\hat{a} - \hat{a}^\dagger)$, $\hat{S}_{x_j} = \hat{\sigma}_x^j$, $\hat{S}_{y_j} = \hat{\sigma}_y^j$, $\hat{S}_{z_j} = \hat{\sigma}_z^j$.

De plus,

$$\hat{U}_k = \int_0^\infty \nu_k(\tau) e^{-\frac{i}{\hbar}\hat{H}\tau} \hat{S}_k e^{\frac{i}{\hbar}\hat{H}\tau} d\tau, \qquad (5.8)$$

$$\nu_k(\tau) = \int_{-\infty}^\infty \Gamma_k(\omega)\{n_k(\omega)e^{i\omega\tau} + [n_k(\omega) + 1]e^{-i\omega\tau}\}d\omega,$$

pour $k = r_v, r_f$ ou $k = x_j, y_j, z_j \; \forall j = 1..N$.
Nous considérons ici, pour simplifier, une température nulle [1]. De plus, les fonctions spectrales $\Gamma_k(\omega)$ doivent être nulles pour $\omega < 0$ parce qu'elles sont proportionnelles à la densité d'états du bain à l'énergie $\hbar\omega$. Nous verrons d'ailleurs, ce

---

1. Pour avoir un splitting $\delta \gg k_B T$ (où T est la température du bain, à peu près 20 mK dans les réfrigérateurs à dilution) on doit augmenter ω_{eg} en augmentant d'un même facteur d'échelle E_J, E_C, et E_L. Dans le régime intéressant de paramètres mis en évidence par les simulations numériques, δ est entre 1 et 2 ordres de grandeur plus petit que ω_{eg}.

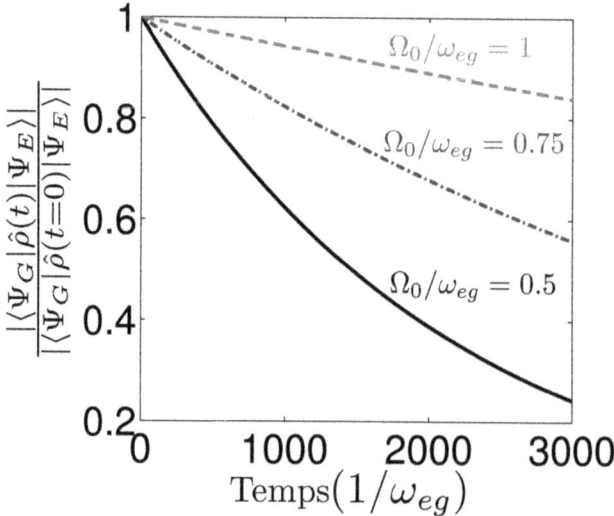

FIGURE   5.2   –   Evolutions   des   cohérences   normalisées
$|\langle\Psi_G|\hat{\rho}(t)|\Psi_E\rangle|/|\langle\Psi_G|\hat{\rho}(t = 0)|\Psi_E\rangle|$ pour différentes valeurs du couplage
lumière-matière Ω_0 en fonction du temps (en unités de $1/\omega_{eg}$) et pour $N = 1$
atome dans le résonateur. Nous avons utilisé l'équation maîtresse (5.7) avec
des taux de dissipation atomique $\{\Gamma_x, \Gamma_y, \Gamma_z\} = \omega_{eg}\{10^{-6}, 10^{-3}, 10^{-3}\}$ et des
taux de perte de cavité $\Gamma_r/\omega_{eg} = 10^{-6}$. Nous nous sommes placés à résonance
($\omega_{cav} = \omega_{eg}$). Les densités spectrales associées sont telles que $\Gamma_k(\omega) = \Gamma_k$ si
$\omega \in [0; \omega_c]$ et $\Gamma_k(\omega) = 0$ sinon, pour $k = r, x, y, z$, avec un *cut-off* spectral
de valeur $\omega_c = 10\,\omega_{eg}$. La matrice densité initiale est celle d'un état pur (voir
expression (5.9)). Les angles θ et ϕ, *tirés au hasard*, valent ici 0.3575 et 2.2058.
On voit que la cohérence augmente avec le couplage Ω_0 (pour les valeurs
données ici).

que l'hypothèse contraire implique dans nos résultats. Par souci de simplicité,
nous prenons aussi $\Gamma_k(\omega) = \Gamma_k$ pour $\omega \in [0; \omega_c]$ et $\Gamma_k(\omega) = 0$ ailleurs $\forall k$, avec
ω_c un *cut-off* supérieur qui est cohérent avec la forme des densités spectrales de
bruit décroissantes. Nous verrons aussi que ce *cut-off* affecte peu nos résultats.
Enfin, nous inclurons beaucoup d'états excités dans le traitement numérique

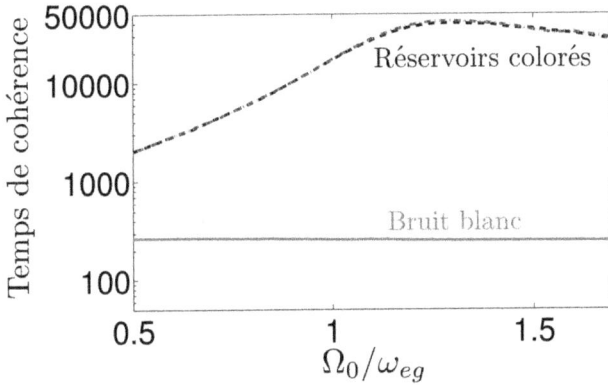

FIGURE 5.3 – Temps de cohérences pour $N = 1$ atome en fonction du couplage lumière-matière Ω_0 et pour différentes sortes de bains. On trace les temps typiques des exponentielles décroissantes telles qu'elles apparaissent en figure 5.2, toujours pour les angles $\theta = 0.3575$ et $\phi = 2.2058$, pour plusieurs types de fonctions spectrales. A chaque fois, les taux de pertes utilisés sont $\{\Gamma_x, \Gamma_y, \Gamma_z\} = \omega_{eg}\{10^{-6}, 10^{-3}, 10^{-3}\}$ et $\Gamma_r/\omega_{eg} = 10^{-6}$. Pour les figures en pointillés (courbes du haut), les densités spectrales associées sont telles que $\Gamma_k(\omega) = \Gamma_k$ si $\omega \in [0; \omega_c]$ et $\Gamma_k(\omega) = 0$ sinon, pour $k = r, x, y, z$, avec $\omega_c/\omega_{eg} = 10$ (en bleu), 100 (vert) et 1000 (noir). Ces courbes montrent la faible influence du *cut-off* supérieur sur les résultats. On a aussi tracé les temps de cohérence, dans le cas d'un bruit blanc $\Gamma_k(\omega) = \Gamma_k \ \forall \omega$ et pour $k = r, x, y, z$. On voit alors, que la présence d'une densité spectrale non nulle pour les fréquences négatives entraîne une sous-estimation de plusieurs ordre de grandeurs des temps de cohérences.

de cette équation maîtresse [2].

---

2. Plus exactement, l'espace de Hilbert considéré dans notre traitement numérique est engendré par tous les états de pseudo-spins multipliés par les états de Fock inférieurs à un *cut-off* n_c pour la partie photonique. Sa dimension m est donc donnée par $m = 2^N \times (n_c + 1)$ ($n_c \geq 12$ pour toutes les simulations, et N, le nombre d'atomes, sera explicitement donné sur chaque figure). Les matrices densités auront alors une taille $m \times m$.

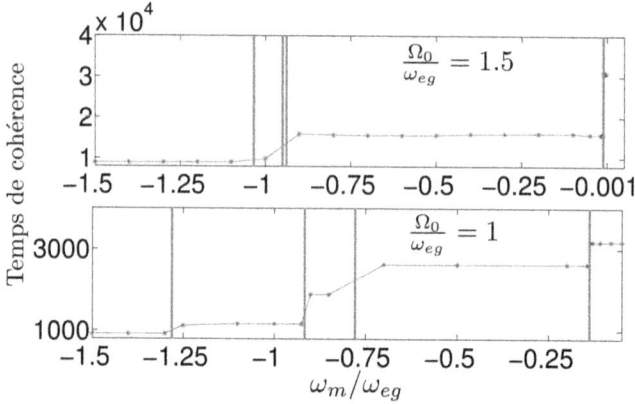

FIGURE 5.4 – Temps de cohérence en fonction du *cut-off* inférieur $\omega_m \leq 0$ des fréquences du bain. On les a calculés en utilisant l'équation maîtresse 5.7 avec des densités spectrales de bruit telles que $\Gamma_k(\omega) = \Gamma_k$ si $\omega \in [\omega_m; \omega_c]$ et $\Gamma_k(\omega) = 0$ sinon, pour $k = r, x, y, z$, et avec $\omega_C/\omega_{eg} = 10$. On montre les résultats pour les cas $\Omega_0/\omega_{eg} = 1.5$ (en haut) et $\Omega_0/\omega_{eg} = 1$ (en bas). On a tracé en rouge certaines différences d'énergie propres normalisées (i.e. divisées par $\hbar\omega_{eg}$) impliquant les états de basse énergie, à savoir $\mathcal{E}_E - \mathcal{E}_G$, $\mathcal{E}_2 - \mathcal{E}_G$, $\mathcal{E}_3 - \mathcal{E}_G$ et $\mathcal{E}_2 - \mathcal{E}_E$. Elles correspondent aux discontinuités des temps de cohérence. Cela prouve que les fréquences négatives du bain permettent (même à T=0) des processus de transition d'un état propre du système vers un état propre d'énergie supérieure (voir texte).

Pour tester la durée de vie de la cohérence entre les 2 vides quasi-dégénérés $|\Psi_G\rangle$ et $|\Psi_E\rangle$, nous avons étudié l'évolution non-unitaire d'un état

$$|\Psi_0\rangle = \cos(\theta)|\Psi_E\rangle + \sin(\theta)e^{i\phi}|\Psi_G\rangle \qquad (5.9)$$

en présence de taux de dissipation atomiques anisotropes $\Gamma_y, \Gamma_z \gg \Gamma_x$ et pour différents taux de pertes du résonateur $\Gamma_r/\omega_{eg} = \Gamma_{r_v}/\omega_{eg} = \Gamma_{r_f}/\omega_{eg}$. Les angles θ et ϕ déterminent les coefficients de la superposition linéaire dans l'expression de l'état pur (Eq. (5.9)). Par exemple, pour deux valeurs données de θ et ϕ, nous montrons en figure 5.2 la décroissance de la cohérence $\langle\Psi_G|\hat{\rho}(t)|\Psi_E\rangle$ pour différentes valeurs du couplage lumière-matière Ω_0. Cette décroissance est exponentielle et la constante de temps associée définit le temps de cohérence correspondant à ces angles particuliers. Nous traçons les temps de cohérences en fonction du couplage pour différentes formes de bains en figure 5.3. On y constate que le *cut-off* supérieur ω_c a peu d'influences sur les résultats. En revanche, si l'on trace ces mêmes temps de cohérence sous l'effet d'un bruit blanc, caractérisé par des densités spectrales constantes $\Gamma_k(\omega) = \Gamma_k \ \forall \omega$, pour $k = r, x, y, z$, on s'aperçoit qu'ils sont de plusieurs ordres de grandeur inférieurs à ceux qui correspondent à des bains colorés (voir figure 5.3). En fait, la présence d'une densité d'états à fréquence négative pour le bain entraîne la possibilité pour le système complet d'effectuer *des transitions non physiques*. Elles correspondent, par exemple, au passage d'un état qui serait produit de l'état fondamental pour le système fermé et du vide de quanta d'excitation pour le bain, à un état propre excité pour le système fermé fois un quantum d'excitation négative $\omega_e < 0$ pour le bain. Si $\mathcal{E}_n - \mathcal{E}_G$ est la différence des énergies propres correspondantes pour le système fermé, alors elle doit être égale à l'opposée de l'énergie négative du quantum d'excitation du bain, i.e. $-\hbar\omega_e = \mathcal{E}_n - \mathcal{E}_G$. Bien sûr, à température nulle pour le bain, de tels processus doivent être exclus d'un bon modèle de dissipation. On trace en figure 5.4 les temps de cohérence du système en fonction du *cut-off* minimal $\omega_m \leq 0$ des densités spectrales de bruit, pour un *cut-off* supérieur ω_c fixé. Ces temps de cohérence décroissent quand on prend des *cut-off* ω_m de plus en plus petits. Les discontinuités se produisent en des valeurs de ω_m correspondant à des différences d'énergie propre du système fermé. Cela prouve donc la nécessité d'utiliser dans l'équation maîtresse de notre étude (Eq. (5.7)) des bains colorés vérifiant la condition $\Gamma_k(\omega) = 0$ si $\omega < 0$ [3]. On fixera donc le *cut-off* minimal à $\omega_m = 0$ et on choisira un *cut-off* maximal à $\omega_c = 10\,\omega_{eg}$ pour toutes les études restantes. Nous moyennons les résultats tels qu'ils apparaissent en figure 5.3 sur un grand nombre d'angles θ et ϕ différents, et pour des valeurs différentes des taux de dissipation, ainsi que du nombre d'atomes N. Nos simulations, montrées sur la figure 5.5 prouvent que les temps de cohérence augmentent avec la fréquence de Rabi normalisée Ω_0/ω_{eg}. En fait, si les sources dominantes de dissipation sont portées par les directions y et z, leur effet décroît comme $\exp{(-2|\alpha|^2)}$ où $\alpha = \sqrt{N}\Omega_0/\omega_{cav}$. Ainsi, le temps de cohérence croît exponentiellement avant d'atteindre une valeur de saturation donnée par Γ_r

---

3. Cette condition paraît particulièrement importante dans l'analyse des sytèmes de couplage ultrafort [93, 94] . En effet, comme le fondamental contient des photons virtuels, les éléments de matrice des opérateurs de saut $\hat{S}_{r_v}$ ou $\hat{S}_{r_f}$ entre le fondamental et les états excités du système vont être plus grands que dans le cas du couplage fort, ce qui démultipliera les conséquences néfastes des transitions correspondantes.

et Γ_x, puis se met à décroître en loi de puissance (comme un chat de Schrö-dinger habituel). L'emplacement des pics de temps de cohérence résulte alors d'un compromis entre les bruits $\hat{\sigma}_z$ et $\hat{\sigma}_y$ qui sont *exponentiellement* atténués et les pertes de la cavité qui augmentent de manière *polynomiale*. Toutes ces quantités dépendent donc de α. On constate d'ailleurs sur la partie droite de la figure 5.5 et sur la figure 5.6, que les pics de temps de cohérence cor-respondent à des amplitudes photoniques $\alpha = \sqrt{N}\Omega_0/\omega_{eg}$ indépendantes du nombre d'atomes N, démontrant que α est le paramètre clef de la protection. Quant à la hauteur de ces maxima, elle est bien sûr déterminée par les valeurs de Γ_r et Γ_x. Pour $\Gamma_x \geq 10^{-5}\omega_{eg}$, l'augmentation de la protection est plus faible que pour $\Gamma_x = 10^{-6}\omega_{eg}$ (voir figure 5.5) mais atteint néanmoins plus d'un ordre de grandeur pour $\Gamma_x = 10^{-5}\omega_{eg}$, pour tout N. Maintenant que l'on sait qu'il y a une valeur optimale de α pour les temps de cohérence (quelque soit le nombre d'atomes N), la question naturelle à se poser est de savoir combien d'atomes doivent être inclus dans le résonateur pour optimiser la protection (i.e pour obtenir la plus grande valeur possible du maximum de cohérence). La réponse dépend à nouveau de Γ_x, tous les autres paramètres étant fixés. Il apparaît que deux phénomènes s'opposent pour déterminer ce nombre optimal d'atomes. D'une part, comme montré sur la figure 5.7, la polarisation selon x dans chaque atome, qui détermine la sensibilité au bruit $\hat{\sigma}_x$, est une fonction décroissante de N pour une cohérence photonique α correspondant à l'abscisse des pics. Mais d'un autre côté, plus il y a d'atomes, plus le bruit en $\hat{\sigma}_x$ s'ac-cumule (ceci est par exemple particulièrement frappant après les pics , dans la limite des grandes valeurs de α où chaque atome est maximalement polarisé dans la direction x, et où les temps de cohérence diminuent avec N). En consé-quence, comme montré sur le panneau en bas à droite de la figure 5.6, pour un bruit $\hat{\sigma}_x$ relativement large, il vaut mieux prendre un seul atome, tandis que pour de plus petits Γ_x , plus il y a d'atomes, meilleure est la protection. La ligne de partage correspond à $\Gamma_x = 3.10^{-5}$, c'est à dire un taux de perte dans la direction x 30 fois plus petit que Γ_y ou Γ_z. Ces assertions n'ont pas pu être vé-rifiées au delà de $N = 5$ atomes pour des raisons de lourdeur computationnelle. Enfin, puisque le nombre de photons $\langle n \rangle$ de $|\Psi_G\rangle$ et $|\Psi_E\rangle$ augmente comme $|\alpha|^2 = \frac{\Omega_0^2}{\omega_{cav}^2}N$, on en déduit qu'il existe un régime où la protection augmente avec le nombre de photons (avant de diminuer). Sur la figure 5.5, on compare ce comportement inhabituel avec la décohérence des chats de 'Schrödinger' [4] en couplage fort ($\Omega_0/\omega_{eg} << 1$). Celle-ci décroît de manière monotone avec la taille des chats, i.e. le nombre moyen de photons inclus [4, 41, 95, 96].

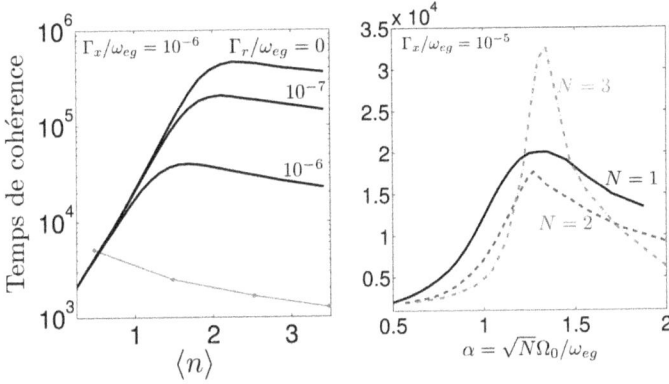

FIGURE 5.5 – Temps de cohérence (en unités de $1/\omega_{eg}$) calculés grâce à l'équation maîtresse (5.7) pour $\omega_{eg} = \omega_{cav}$ et avec un état initial pur $|\Psi_0\rangle = \cos(\theta)|\Psi_E\rangle + \sin(\theta)e^{i\phi}|\Psi_G\rangle$. Les résultats sont moyennés sur les valeurs de θ et ϕ. Paneau de gauche : temps de cohérence en fonction du nombre de photons virtuels contenus dans $|\Psi_0\rangle$ ($\langle n \rangle = N\Omega_0^2/\omega_{cav}^2$) pour un atome ($N = 1$) avec des taux de dissipation atomiques anisotropes $\{\Gamma_x, \Gamma_y, \Gamma_z\} = \omega_{eg}\{10^{-6}, 10^{-3}, 10^{-3}\}$. Les différents taux de perte du résonateur : $\Gamma_r/\omega_{eg} = 10^{-6}, 10^{-7}, 0$ correspondent [16, 41] aux facteurs de qualité $Q = \omega_{eg}/(4\pi\Gamma_r) \simeq 10^5, 10^6, \infty$. En rouge : même quantité mais pour des superpositions d'états propres de Jaynes-Cummings en régime de couplage fort $\Omega_0/\omega_{eg} = 10^{-3}$. Ce sont donc des états de la forme $|\Psi_0\rangle = \cos(\theta)|\Psi_{n,+}\rangle + \sin(\theta)e^{i\phi}|\Psi_{n,-}\rangle$ avec $|\Psi_{n,\pm}\rangle = \frac{1}{\sqrt{2}}(|n\rangle_{ph}|e\rangle_{at} \pm |n+1\rangle_{ph}|g\rangle_{at})$. Mêmes taux de dissipation atomique que pour les courbes en noir, et avec un taux de perte photonique égal à $\Gamma_r/\omega_{eg} = 10^{-6}$. Paneau de droite : temps de cohérence pour $N = 1, 2$ et 3 atomes pour $\Gamma_r/\omega_{eg} = 10^{-6}$ et avec une plus faible anisotropie des pertes atomiques : $\{\Gamma_x, \Gamma_y, \Gamma_z\} = \omega_{eg}\{10^{-5}, 10^{-3}, 10^{-3}\}$. On les trace en fonction de l'amplitude photonique $\alpha = \sqrt{N}\Omega_0/\omega_{eg}$.

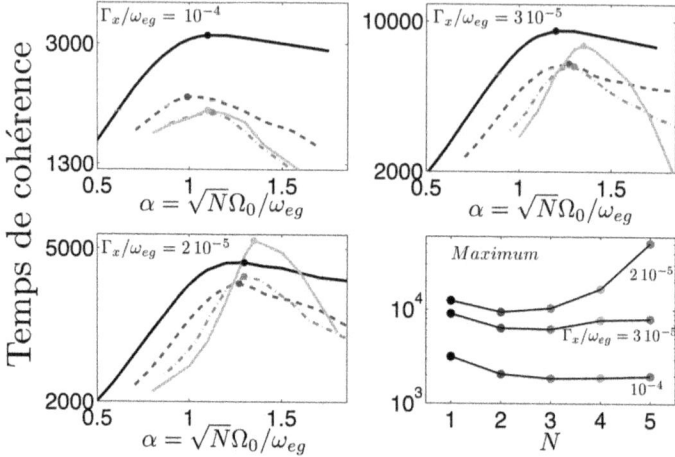

FIGURE 5.6 – Paneaux du haut, et panneau en bas à gauche : temps de cohérence en unités de $1/\omega_{eg}$ en fonction de la cohérence photonique $\alpha = \sqrt{N}\Omega_0/\omega_{eg}$, pour différents nombres d'atomes dans le résonateur : $N = 1$ (traits pleins noirs), $N = 2$ (pointillés bleus), $N = 3$ (pointillés rouges) et $N = 4$ (traits pleins verts), et en présence de différentes anisotropies dans les taux de dissipation. Dans les 3 cas, $\{\Gamma_y, \Gamma_z\} = \omega_{eg}\{10^{-3}, 10^{-3}\}$, et $\Gamma_r/\omega_{eg} = 10^{-6}$, et on a calculé les temps de cohérence pour différentes valeurs de la dissipation en $\hat{\sigma}_x : \Gamma_x/\omega_{eg} = 10^{-4}, 3.10^{-5}$ et 2.10^{-5}. En bas, à droite : on trace les hauteurs des pics de cohérence en fonction de N. Plus l'anisotropie est faible, moins il faut prendre d'atomes pour optimiser la protection.

5.4 Les portes quantiques et leur fidélité

Maintenant, nous montrons comment obtenir un ensemble universel de portes pour le calcul quantique [97] avec les états $|\Psi_G\rangle$ et $|\Psi_E\rangle$ comme base de chaque qubit. La stratégie pour effectuer chacune de ces opérations est la même : en ajoutant une perturbation à l'Hamiltonien (5.1), on lève la dégénérescence entre les états quasi-dégénérés puis on la rétablit adiabatiquement en éliminant la perturbation. On crée alors des rotations quantiques , dont les angles seront donnés par l'accumulation de la phase *dynamique* issue de la différence d'énergie créée, et dont les axes seront déterminés par la base

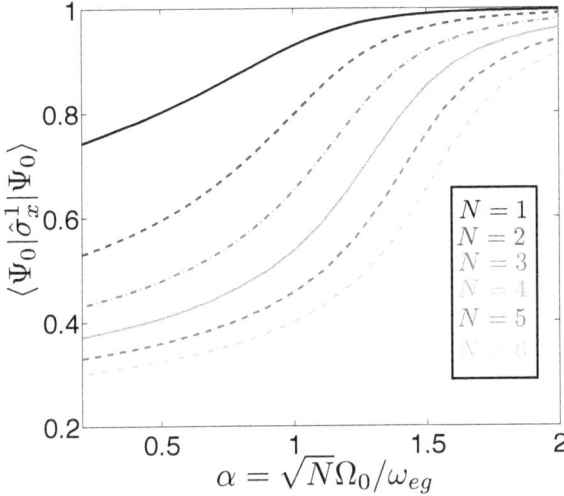

FIGURE 5.7 – Valeur d'expectation moyenne de la polarisation dans la direction x sur un site pour des états $|\Psi_0\rangle$ appartenant au sous-espace fondamental quasi-dégénéré, en fonction de la cohérence photonique $\alpha = \sqrt{N}\Omega_0/\omega_{eg}$, pour différents nombres d'atomes dans la chaîne : $N = 1, 2, 3, 4, 5$ et 6 (de haut en bas).

des nouveaux états propres au cours de la perturbation. Par exemple, on peut commencer par montrer comment obtenir une porte dynamique $e^{-i\theta_x \hat{\Sigma}_x}$ dans la base $|\Psi_G\rangle$ et $|\Psi_E\rangle$, où $\hat{\Sigma}_x = |\Psi_G\rangle\langle\Psi_E| + |\Psi_E\rangle\langle\Psi_G|$ est la matrice de Pauli dans la direction x associée au qubit collectif. Pour la réaliser, on peut effectuer un couplage entre le flux d'un atome Josephson intégré au résonateur (par exemple le premier atome) et un champ magnétique, classique et modulable $\Phi_s(t)$. Cela permet l'ajout d'un terme additionnel dans l'Hamiltonien du type $M\Phi_s(t)\hat{\varphi}_J^1 = C(t)\hat{\sigma}_x^1$ où $\hat{\varphi}_J^1$ est le flux le long de la jonction Josephson du premier atome artificiel. Une telle perturbation va lever la dégénérescence du sous-espace fondamental de telle sorte que les deux nouveaux états propres sont $|+\rangle|+\alpha\rangle_{ph}$ et $|-\rangle|-\alpha\rangle_{ph}$ avec un splitting $\delta(t) = 2C(t)$ et où nous avons remplacé $\Pi_{j=1}^{N}|\pm\rangle_j$ par $|\pm\rangle$ pour simplifier les notations. En modulant adiabatiquement $C(t)$, il est alors possible de créer la rotation $e^{-i\theta_x \hat{\Sigma}_x}$ où $\theta_x = \int_0^T C(t)dt$

avec $[0\,;T]$ le temps de la modulation.

Nous montrons la fidélité associée à cette opération pour $\theta_x = \pi/2$ dans la figure 5.8. En fait, la rotation autour de l'axe X est très analogue à ce que l'on obtiendrait avec deux états ferromagnétiques dans un modèle d'Ising 1D dont la dégénérescence serait levée par un champ magnétique extérieur classique. Ce qu'apporte le couplage à un mode bosonique du résonateur est la manière très naturelle de créer une rotation quantique à un qubit autour d'un autre axe, par exemple $e^{-i\theta_z \hat{\Sigma}_z}$ où $\hat{\Sigma}_z = 2|\Psi_E\rangle\langle\Psi_E| - 1$. On sait que $|\Psi_G\rangle$ et $|\Psi_E\rangle$ ont un écart énergétique δ qui est une fonction exponentiellement décroissante de Ω_0. En modulant dans le temps Ω_0, on obtient la porte désirée. L'angle de la rotation sera $\theta_z = \int_0^T \delta(t)dt = \int_0^T \delta(\Omega_0(t))dt$. Même sans optimiser la forme de la modulation $t \to \Omega_0(t)$, de bonnes fidélités sont obtenues. Par exemple, pour l'angle $\theta_z = \pi/2$, avec un atome et pour un aller et retour entre $\Omega_0/\omega_{eg} = 2$ et $\Omega_0/\omega_{eg} = 1.3$, une fidélité $\simeq 99.9\%$ est obtenue pour un temps d'évolution $T \sim 300/\omega_{eg}$ en présence de dissipation. En pratique, pour régler *in situ* $\Omega_0(t)$, on peut placer une boucle intermédiaire entre le résonateur et l'atome artificiel avec un flux magnétique la traversant (comme dans [98] et comme dans le chapitre 3).

Afin d'obtenir l'ensemble complet d'opérations quantiques, on a besoin d'une porte de contrôle à 2-qubits. Ici, nous allons montrer comment avoir l'opération $e^{-i\theta_{x12}\hat{\Sigma}_{x_1}\otimes\hat{\Sigma}_{x_2}}$ dans la base des quatre états :

$$\{\{|\Psi_G\rangle_1, |\Psi_E\rangle_1\} \otimes \{|\Psi_G\rangle_2, |\Psi_E\rangle_2\}\}$$
$$= \{\frac{1}{\sqrt{2}}(|+\rangle| + \alpha\rangle_{ph,1} \pm |-\rangle| - \alpha\rangle_{ph,1}) \otimes \frac{1}{\sqrt{2}}(|+\rangle| + \alpha\rangle_{ph,2} \pm |-\rangle| - \alpha\rangle_{ph,2})\},$$

$$(5.10)$$

où 1 (2) est le numéro du résonateur.

Une possibilité, dont un schéma est montré sur la figure 5.9 a), consiste à utiliser un couplage magnétique mutuel direct [99, 100] $M^{12}(t)\hat{\varphi}_J^1\hat{\varphi}_J^2$, entre 2 Fluxoniums (un dans chaque résonateur), ce qui donne l'Hamiltonien :

$$\hat{H}_{12} = \hat{H}_1 + \hat{H}_2 + C^{12}(t)\hat{\sigma}_{x,1}^1\hat{\sigma}_{x,2}^1,$$

$$(5.11)$$

, où $\hat{H}_1$ ($\hat{H}_2$) est l'Hamiltonien spin-boson (5.1) pour le résonateur 1 (2), tandis que $\hat{\sigma}_{x,1}^1$ (resp. $\hat{\sigma}_{x,2}^1$) est la matrice de Pauli dans la direction x agissant sur le premier système à deux niveaux du résonateur 1 (2). Une telle perturbation lève partiellement la dégénérescence quadruple du sous-espace fondamental de telle sorte que les deux états $(|+\rangle|+\alpha\rangle_{ph,1} \otimes |+\rangle|+\alpha\rangle_{ph,2}$ et $|-\rangle|-\alpha\rangle_{ph,1}|-\rangle|-\alpha\rangle_{ph,2})$ auront une énergie différente de celle des états $(|+\rangle|+\alpha\rangle_{ph,1} \otimes |-\rangle|-\alpha\rangle_{ph,2}$ et $|-\rangle|-\alpha\rangle_{ph,1} \otimes |+\rangle|+\alpha\rangle_{ph,2})$. La fidélité de cette opération pour $\theta_{x_{12}} = \pi/2$ est donnée sur le panneau de droite de la figure 5.8 en présence de dissipation, montrant encore l'augmentation de la fidélité avec le couplage Ω_0. D'autres propositions pour le couplage effectif entre les deux résonateurs pourraient être envisagés [101–104]. On pourrait par exemple utiliser une inductance modulable conduisant à un Hamiltonien d'interaction entre les deux résonateurs de la forme $E_L^{12}(t)(\hat{\varphi}_1^r - \hat{\varphi}_2^r)^2 \propto ((\hat{a}_1 - \hat{a}_1^\dagger) - (\hat{a}_2 - \hat{a}_2^\dagger))^2$ où $\hat{a}_1$ ($\hat{a}_2$) est l'opérateur d'annihilation du mode bosonique du résonateur 1 (2). L' interaction est alors proportionnelle aux amplitudes des modes de flux des résonateurs qui dépendent de l'emplacement de l' inductance. Ainsi on pourrait même imaginer un dispositif comme celui de la figure 5.9 b) avec deux inductances réglables. Dans un tel cas, en profitant du profil de flux du résonateur, le couplage effectif entre les deux résonateurs pourrait même être totalement *débranchable* en modulant judicieusement les deux inductances.

Il est facile de se convaincre qu'une telle architecture peut se généraliser à un registre de $M \geq 2$ qubits. Pour lire l' état de chaque qubit $\{|\Psi_G\rangle_k, |\Psi_E\rangle_k\}$ (pour $k = 1, ..., M$), on peut tirer parti du fait que les états $|+\rangle| + \alpha\rangle_{ph}$ et $|-\rangle|-\alpha\rangle_{ph}$ sont *macroscopiquement* distinguables : leur flux, le long de chaque jonction Josephson est de signe opposé. Néanmoins, une étude qualitative et quantitative des possibles lectures (*readout*) de ces qubits reste à bâtir.

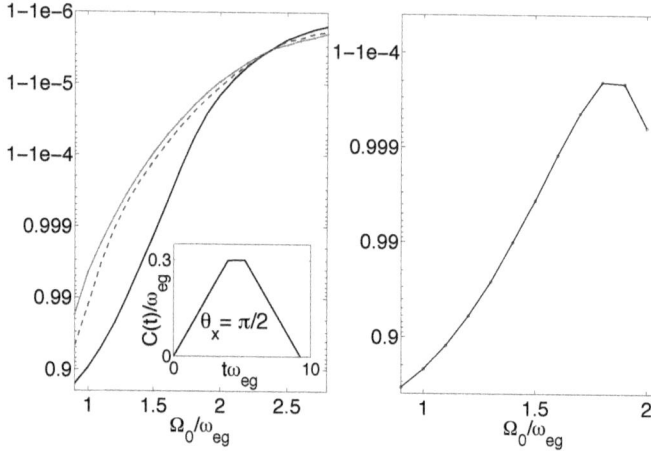

FIGURE 5.8 – Panneau de gauche : fidélité $\bar{F}$ de la rotation à un qubit autour de l'axe X (pour $\theta_x = \pi/2$) en fonction de Ω_0/ω_{eg}. La fidélité est ici définie comme la moyenne sur tous les états purs initiaux (c'est-à-dire sur tous les angles θ et ϕ définis dans l'expression (5.9)) du recouvrement entre l' état souhaité au terme de l'opération, qui est $\hat{U}|\Psi_0\rangle$ avec $\hat{U} = e^{-i\theta_x\hat{\Sigma}_x}$, et l'état du système donné par la matrice densité $\hat{\rho}(|\Psi_0\rangle\langle\Psi_0|)$ ayant évolué à partir de l'état pur $|\Psi_0\rangle$ sous l'effet de la dissipation. Ainsi, on a $\bar{F} = \text{moyenne}_{|\Psi_0\rangle}[\langle\Psi_0|\hat{U}^{\dagger}\hat{\rho}(|\Psi_0\rangle\langle\Psi_0|)\hat{U}|\Psi_0\rangle]$. L' équation maîtresse (5.7) est utilisée avec un Hamiltonien dépendant du temps $\hat{H}(t) = \hat{H}(t=0) + C(t)\hat{\sigma}_x^1$ où $\hat{H}(t=0)$ est l'Hamiltonien spin-boson initial (Eq. (5.1)) avec $N = 1$ (traits noirs pleins), $N = 2$ (traits bleus pointillés) et $N = 3$ (traits rouges pleins) atomes Josephson dans le résonateur. Dans la fenêtre : évolution temporelle de $C(t)$. Panneau de droite : fidélités de la porte à 2-qubit $e^{-i\theta_{x12}\hat{\Sigma}_{x1}\otimes\hat{\Sigma}_{x2}}$ pour $\theta_{x12} = \pi/2$, tracée en fonction de $\frac{\Omega_0}{\omega_{eg}}$ la fréquence de Rabi normalisée dans chaque résonateur comprenant $N = 1$ atome intégré. La constante de couplage entre les 2 qubits $C^{12}(t)$ suit la même évolution temporelle que $C(t)$ dans la fenêtre de gauche. On a aussi inclus un bruit affectant le couplage mutuel, par l'intermédiaire de l'opérateur $\hat{S}_{x12} = \hat{\sigma}_{x,1}^1\hat{\sigma}_{x,2}^1$ et du taux de perte $\Gamma_{x12} = \omega_{eg} \times 10^{-6}$.

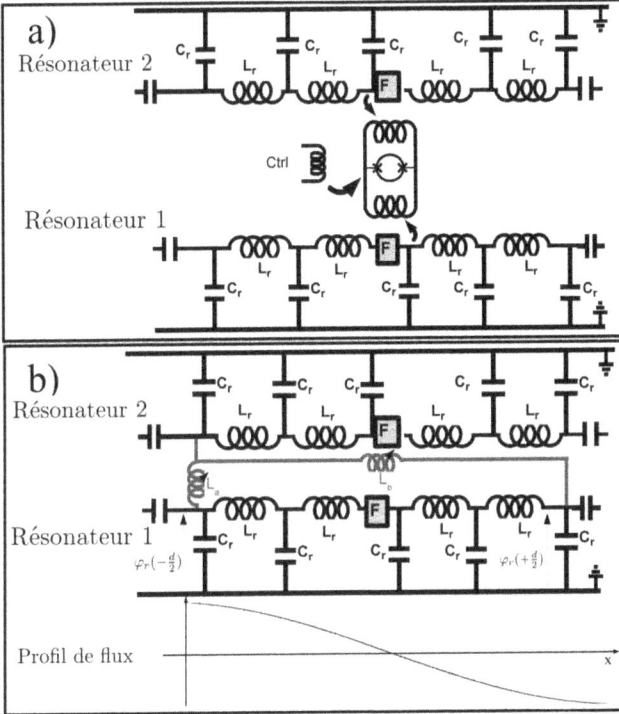

FIGURE 5.9 – Paneau (a) : les deux résonateurs sont couplés *via* un couplage mutuel, correspondant à un terme d'interaction $M^{12}(t)\hat{\varphi}_j^1\hat{\varphi}_j^2$ où $M^{12}(t)$ est réglable grâce au champ magnétique de contrôle (Ctrl). Paneau (b) : une possible façon d'obtenir un couplage entre les deux résonateurs qui puisse être modulé sur une large gamme de valeurs et même être totalement éteint, rendant les deux qubits *indépendants*. Les inductances (réglables) L_a et L_b introduisent l'Hamiltonien de couplage entre les deux résonateurs $H_{coupling} = E_{L_a}(\hat{\varphi}_r^1(x=d/2) - \hat{\varphi}_r^2(x=d/2))^2 + E_{L_b}(\hat{\varphi}_r^1(x=d/2) - \hat{\varphi}_r^2(x=-d/2))^2 \propto -E_{L_a}(\hat{a}_1 - \hat{a}_1^\dagger - (\hat{a}_2 - \hat{a}_2^\dagger))^2 - E_{L_b}(\hat{a}_1 - \hat{a}_1^\dagger + (\hat{a}_2 - \hat{a}_2^\dagger))^2 = -(E_{L_a} + E_{L_b})\{(\hat{a}_1 - \hat{a}_1^\dagger)^2 + (\hat{a}_2 - \hat{a}_2^\dagger)^2\} + 2(E_{L_a} - E_{L_b})(\hat{a}_1 - \hat{a}_1^\dagger).(\hat{a}_2 - (\hat{a})_2^\dagger)$. Les deux premiers termes ne lèvent pas la dégénérescence entre les quatre états $\{\{|\Psi_G\rangle_1, |\Psi_E\rangle_1\} \otimes \{|\Psi_G\rangle_2, |\Psi_E\rangle_2\}\}$. Le dernier terme la lève d'une façon analogue à celle du schéma a) sauf qu'il est maintenant facile d'annuler totalement l'amplitude correspondante ($E_{L_a} - E_{L_b}$).

Conclusion

Nous avons exploré la physique de quelques systèmes de *circuit QED* dans le régime de couplage ultrafort, pour un nombre fini ou infini d'atomes, dans le cas de qubits de charge (Boîtes à paires de Cooper) ou de qubits de flux (Fluxoniums) couplés capacitivement ou inductivement à un résonateur supraconducteur. Il ressort de ces investigations, des différences importantes avec les situations analogues en *cavity QED*, notamment dans la possibilité d'observer la transition de phase quantique superradiante. Nous avons exhibé l'importance de la topologie des fonctions d'onde des systèmes à deux niveaux, et cela pourrait très bien servir de paradigmes à d'autres types de systèmes décrits par des Hamiltoniens spin-bosons, et qui pourraient être des candidats pour l'observation de la transition de phase associée au modèle de Dicke. Nous pensons que cette transition est observable dans les cas capacitif et inductif, et nous espérons que ces résultats susciteront des expériences visant à le confirmer car cela ne manquerait pas de faire progresser la physique des systèmes spins-bosons. Dans le cas où les expériences venaient à prouver le contraire, cela s'accompagnerait, sinon d'une remise en cause totale, ou moins d'une légère clarification de la théorie de dérivation des Hamiltoniens de Circuits Quantiques, ce qui ferait aussi progresser le champ des connaissances. Parmi les applications susceptibles de bénéficier de l'existence des deux vides dégénérés de la phase sur-critique, nous avons proposé une architecture d'ordinateur quantique où chaque qubit serait donné par un résonateur comprenant plusieurs atomes Josephson en couplage ultrafort. Nous avons montré que l'information de tels qubits bénéficierait d'une bonne protection face à des sources réalistes de dissipation anisotropes. En particulier, il est possible d'annihiler totalement l'influence des fluctuations locales dans les deux directions perpendiculaires à la direction du couplage (au sens des matrices de *Pauli*), pour peu que les degrés de liberté du résonateur soient eux-mêmes protégés, ce qui est le cas dès que le facteur de qualité correspondant est élevé. Là encore, notre étude pourrait servir de paradigme à d'autres systèmes appliqués à l'information quantique.

Dans le cas d'un nombre fini de qubits couplés à un résonateur, nous avons aussi établi une correspondance entre les deux états quasi-dégénérés dans la limite de couplage ultrafort, et ceux d'un modèle uni-axial de spins $1/2$ en interaction à longue portée (modèle LMG). Or nous savons [4] que certains modèles bi-dimensionnels de spins en interaction à courte ou longue portée sont caractérisés par la présence d'un vide deux fois dégénéré protégé des fluctuations locales dans les trois directions des matrices de *Pauli*. Parmi les perspectives envisagées, nous pouvons alors soumettre l'idée d'étudier la possibilité de coupler un même qubit Josephson (par exemple un qubit de flux) à deux résonateurs perpendiculaires . On pourrait alors imaginer un réseau bi-dimensionnel de résonateurs, aux noeuds duquel seraient connectés des qubits Josephson. En régime de couplage ultrafort, les quanta d'excitation des résonateurs pourraient alors médier les interactions entre pseudo-spins, de telle sorte que les états de basse énergie pourraient être en correspondance avec ceux d'un modèle de spins sur réseau 2D en interaction à longue portée. Il faudrait alors tester les propriétés de cohérence de tels systèmes pour n'importe quel type de fluctuations locales et voir s'ils ne sont pas plus simples à réaliser expérimentalement, que ce soir pour les manipuler ou les sonder, que les réseaux de spins sans résonateur.

Enfin nous avons proposé une généralisation du modèle de Dicke, où chacune des quadratures du champ est couplée à une chaîne différente de pseudo-spins. Nous avons donné le diagramme de phase correspondant et nous prédisons l'existence d'une phase avec un vide quatre fois dégénéré lorsque les couplages sont supérieurs aux valeurs critiques correspondantes. Nous avons fourni un circuit quantique permettant d'obtenir cette phase quantique qui est, autant que nous le sachions, inédite. Là encore, une application en information quantique a été donnée : elle consiste en la création de phases de Berry non-abeliennes, pouvant permettre d'obtenir des portes de phases conditionnelles à deux qubits.

Pour conclure, j'espère avoir convaincu les lecteurs de ce manuscrit de l'intérêt *d'augmenter encore un peu le couplage lumière-matière.*

---

4. Ceci est développé dans les articles [88, 105, 106].

Annexe A

Annexes

A.1 Calcul des excitations élémentaires du modèle de Dicke dans la limite thermodynamique en présence d'un terme $\hat{A}^2$

Nous calculons ici les cohérences macroscopiques et les excitations élémentaires de la phase sur-critique dans la limite thermodynamique de l'Hamiltonien suivant :

$$\hat{H}/\hbar = \omega \hat{a}^\dagger \hat{a} + D(\hat{a} + \hat{a}^\dagger)^2 + \omega_{eg}(\hat{b}^\dagger \hat{b} - \frac{N}{2})$$
$$+ \frac{\Omega_0}{\sqrt{N}}(\hat{a} + \hat{a}^\dagger)(\hat{b}^\dagger \sqrt{1 - \frac{\hat{b}^\dagger \hat{b}}{N}} + \sqrt{1 - \frac{\hat{b}^\dagger \hat{b}}{N}}\ \hat{b}). \qquad (A.1)$$

Comme nous l'avons vu dans le chapitre 2, la phase surcritique apparaît lorsque $4\Omega_0^2 = \omega_{eg}(4D + \omega)$, ce qui implique en particulier que D doit être strictement inférieur à Ω_0^2/ω_{eg}. Nous avons vu qu'une telle situation n'arrivait jamais en cavity QED, mais qu'en cicuit QED, on pouvait écrire $D = \alpha\Omega_0^2/\omega_{eg}$ où $\alpha = E_J/(4E_C)$. La transition de phase quantique se produit alors si $\alpha < 1$ pour la valeur de la fréquence de Rabi du vide :

$$\Omega_0^{cr} = \frac{\sqrt{\omega\omega_{eg}}}{2\sqrt{1-\alpha}}. \qquad (A.2)$$

Posons alors $D = \alpha\Omega_0^2/\omega_{eg}$ où α est une constante[1] telle que $0 \le \alpha < 1$.

---

1. En passant, on peut dire que très nombreuses sont les situations physiques où le rapport $D\omega_{eg}/\Omega_0^2$ est constant.

Déplaçons alors les modes bosoniques :

$$\hat{a}^\dagger \to \hat{c}^\dagger + \epsilon\sqrt{\gamma} \ ; \ \hat{b}^\dagger \to \hat{d}^\dagger - \epsilon\sqrt{\beta}; \tag{A.3}$$

où γ, et β sont d'ordre N et $\epsilon = \pm 1$ pour rassembler les deux doublets de solutions. Dans la suite, on considèrera $\epsilon = 1$, l'autre doublet de solutions s'obtenant par changement de signe. Puis, excatement comme dans le cas $\alpha = 0$, en développant les racines carrées :

$$\sqrt{1 - \frac{\hat{d}^\dagger\hat{d} - \sqrt{\beta}(\hat{d} + \hat{d}^\dagger)}{K}} \approx 1 - \frac{1}{2K}\{\hat{d}^\dagger\hat{d} - \sqrt{\beta}(\hat{d} + \hat{d}^\dagger)\}$$
$$- \frac{1}{8K^2}\{\hat{d}^\dagger\hat{d} - \sqrt{\beta}(\hat{d} + \hat{d}^\dagger)\}^2$$

où $K = N - \beta$ est d'ordre N, et en écartant les termes de l'Hamiltonien dont l'amplitude tend vers 0 quand $N \to +\infty$, l' Hamiltonien devient :

$$\hat{H}/\hbar = \omega\hat{c}^\dagger\hat{c} + D(\hat{c} + \hat{c}^\dagger)^2 + \{\omega_{eg} + 2\Omega_0\sqrt{\frac{\gamma\beta}{NK}}\}\hat{d}^\dagger\hat{d} \tag{A.4}$$
$$+ \Omega_0\sqrt{\frac{\gamma\beta}{NK}}\frac{\beta + 2K}{2K}(\hat{d}^\dagger + \hat{d})^2 + \Omega_0\frac{N - 2\beta}{\sqrt{NK}}(\hat{c} + \hat{c}^\dagger)(\hat{d}^\dagger + \hat{d})$$
$$+ (\hat{c}^\dagger + \hat{c})(\omega_{eg}\sqrt{\gamma} + 4\sqrt{\gamma}D - 2\Omega_0\sqrt{\frac{K\beta}{N}})$$
$$+ (\hat{d}^\dagger + \hat{d})\{-\omega_{eg}\sqrt{\beta} + 2\Omega_0\sqrt{\frac{K\gamma}{N}}(1 - \frac{\beta}{K})\}$$
$$+ \{(\omega + 4D)\gamma + (\beta - N/2)\omega_{eg} - \Omega_0\sqrt{\frac{\beta\gamma}{N}}(4\sqrt{K} + 1/\sqrt{K})\}$$

On détermine les déplacements macroscopiques γ et β en éliminant les termes linéaires, ce qui donne :

$$\begin{cases} \sqrt{\gamma} = \frac{2}{\omega + 4D}\Omega_0\sqrt{\frac{K\beta}{N}} \\ \sqrt{\beta}\{-\omega_{eg} + \frac{4\Omega_0^2}{\omega + 4D}\frac{N - 2\beta}{N}\} = 0. \end{cases} \tag{A.5}$$

ce qui implique

$$\{\sqrt{\gamma}, \sqrt{\beta}\} = \{\epsilon\frac{\Omega_0}{\omega + 4D}\sqrt{N(1 - \tilde{\mu}^2)}, \epsilon\sqrt{\frac{N(1 - \tilde{\mu})}{2}}\} \tag{A.6}$$

A.2. Dérivation de l'Hamiltonien du circuit électrique d'une chaîne
de boîtes à paires de Cooper couplées capacitivement à un
résonateur   153

où $\epsilon = \pm 1$ et où nous avons fait la synthèse des solutions des phases normales et surcritiques en posant : $\tilde{\mu} = 1$ si $\Omega_0 < \Omega_0^{cr}$ et $\tilde{\mu} = \frac{\omega_{eg}(\omega + 4D)}{4\Omega_0^2} = \frac{\omega_{eg}\omega}{4\Omega_0^2} + \alpha$ si $\Omega_0 > \Omega_0^{cr}$.

En réinjectant ces solutions dans l'Hamiltonien précédent, on obtient :

$$\hat{H}/\hbar = \omega\hat{c}^\dagger\hat{c} + D(\hat{c} + \hat{c}^\dagger)^2 + \frac{\omega_{eg}}{2\tilde{\mu}}(1 + \tilde{\mu})\hat{d}^\dagger\hat{d} + \frac{\omega_{eg}(3 + \tilde{\mu})(1 - \tilde{\mu})}{8\tilde{\mu}(1 + \tilde{\mu})}(\hat{d}^\dagger + \hat{d})^2$$

$$+ \Omega_0\tilde{\mu}\sqrt{\frac{2}{1 + \tilde{\mu}}}(\hat{c} + \hat{c}^\dagger)(\hat{d}^\dagger + \hat{d}) - \frac{\omega_{eg}}{4\tilde{\mu}}\{N(\tilde{\mu}^2 + 1) + (1 - \tilde{\mu})\}. \qquad (A.7)$$

qui est d'ailleurs valable dans les deux phases. La matrice de Hopfield-Bogoliubov associée donne alors :

$$\tilde{\mathcal{M}} = \begin{pmatrix} \omega + 2D & \tilde{\Omega}_0 & -2D & -\tilde{\Omega}_0 \\ \tilde{\Omega}_0 & \tilde{\omega}_{eg} + 2\tilde{D}_b & -\tilde{\Omega}_0 & -2\tilde{D}_b \\ 2D & \tilde{\Omega}_0 & -(\omega + 2D) & -\tilde{\Omega}_0 \\ \tilde{\Omega}_0 & 2\tilde{D}_b & -\tilde{\Omega}_0 & -(\tilde{\omega}_{eg} + 2\tilde{D}_b) \end{pmatrix}, \qquad (A.8)$$

où l'on a introduit

$$\tilde{\omega}_{eg} = (1 + \tilde{\mu})\frac{\omega_{eg}}{2\tilde{\mu}}; \quad \tilde{\Omega}_0 = \Omega_0\tilde{\mu}\sqrt{\frac{2}{1 + \tilde{\mu}}}; \quad \tilde{D}_b = \frac{\omega_{eg}(3 + \tilde{\mu})(1 - \tilde{\mu})}{8(1 + \tilde{\mu})\tilde{\mu}} \qquad (A.9)$$

qui est valable pour les deux phases grâce à notre définition synthètisée de $\tilde{\mu}$. Par ailleurs, on peut montrer que l'énergie du fondamental est : $\tilde{E}_G = 1/2(\tilde{\omega}_- + \tilde{\omega}_+ - \omega - \tilde{\omega}_{eg}) - \frac{\omega_{eg}}{4\tilde{\mu}}\{N(\tilde{\mu}^2 + 1) + (1 - \tilde{\mu})\}$ où $\tilde{\omega}_\pm$ désignent les fréquences polaritoniques qui sont les valeurs propres positives de $\tilde{\mathcal{M}}$. Cette expression est aussi valable dans les deux phases.

A.2 Dérivation de l'Hamiltonien du circuit électrique d'une chaîne de boîtes à paires de Cooper couplées capacitivement à un résonateur

Pour déterminer l'Hamiltonien du circuit de la figure A.1, on commence par choisir le set de flux de branches indépendants en fonction duquel nous écrirons le Lagrangien du système. Le résonateur est découpé en M mailles de

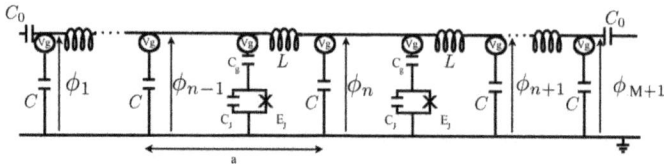

FIGURE A.1 – Schéma du système considéré : N Boîtes à paires de Cooper couplées capacitivement à un résonateur par l'intermédiaire de capacités C_g. Une tension continue V_g *shifte* le potentiel sur toute la ligne de transmission. Les N Boîtes à paires de Cooper sont périodiquement espacées d'une longueur a. On peut alors modéliser ce résonateur par une série de M mailles de longueur a comprenant une capacité $C = ac$ qui relie la ligne de transmission centrale à la masse, et une inductance appartenant à la bande centrale $L = al$ où l (resp. c) est l'inductance (resp. la capacité) par unité de longueur. Les N Boîtes à paires de Cooper s'étendent sur une largeur $d' = Na \ll d = Ma$, où d est la longueur totale du résonateur. On fait par ailleurs l'hypothèse simplificatrice que a est suffisamment grand pour que $C \gg C_g, C_J$.

longueur a, avec pour chacune une capacité $C = ac$ qui relie la bande centrale à la masse, et une inductance appartenant à la bande centrale $L = al$ où l (resp. c) est l'inductance (resp. la capacité) par unité de longueur. Choisissons donc les $M + 1$ flux de branches ϕ_n, $n = 1..M + 1$ le long des capacités de chaque maille (voir figure A.1). Puis, nous plaçons dans les N mailles centrales du résonateur des Boîtes à paires de Cooper. Introduisons les flux de branches le long des jonctions de chaque Boîte à paires de Cooper : ϕ_j^J, pour $j = 1..N$. Imaginons pour simplifier que M et N sont pairs. Alors le flux de la branche au centre du résonateur aura l'indice $M/2 + 1$: $\phi_{M/2+1}$. Immédiatement à sa droite, se trouvera la Boîte à paires de Cooper dont le flux de branche de long de la jonction sera le flux $\phi_{\frac{N}{2}+1}^J$, et immédiatement à sa gauche, la Boîte à paires de Cooper dont le flux de de branche le long de la jonction sera le flux $\phi_{\frac{N}{2}}^J$. Les indices des flux de branches sont donc ordonnés de la gauche vers la droite sur le schéma électrique. Les choses étant posées, nous pouvons écrire le Lagrangien du système comme :

$$\mathcal{L} = \sum_{n=1}^{M} \{ \frac{C}{2}(\dot{\phi}_n - V_g)^2 - \frac{(\phi_{n+1} - \phi_n)^2}{2L} \} + \frac{C}{2}(\dot{\phi}_{M+1} - V_g)^2$$
$$+ \sum_{j=1}^{N} \{ \frac{C_J}{2}(\dot{\phi}_j^J)^2 + E_J \cos(\frac{2\pi}{\Phi_0}\phi_j^J) + \frac{C_g}{2}(\dot{\phi}_{j+\frac{M-N}{2}} - V_g - \dot{\phi}_j^J)^2 \} \qquad (A.10)$$

Le vecteur des moments conjugués $\mathcal{Q}$ est relié au vecteur des dérivées premièrès des flux de branches $\dot{\Phi}$ par la relation :

$$\mathcal{Q} = \mathcal{C}_\Sigma \dot{\Phi} + Q_g \qquad (A.11)$$

où les vecteurs $\mathcal{Q}$, $\dot{\Phi}$ et Q_g sont de taille $M + N + 1$ et donnent :

$$\mathcal{Q} = \begin{pmatrix} q_1 \\ q_2 \\ \vdots \\ q_{(M-N)/2} \\ q_{1+(M-N)/2} \\ q_1^J \\ \vdots \\ q_{(M+N)/2} \\ q_{N/2}^J \\ q_{1+(M+N)/2} \\ \vdots \\ q_{M+1} \end{pmatrix}, \quad \dot{\Phi} = \begin{pmatrix} \dot{\phi}_1 \\ \dot{\phi}_2 \\ \vdots \\ \dot{\phi}_{(M-N)/2} \\ \dot{\phi}_{1+(M-N)/2} \\ \dot{\phi}_1^J \\ \vdots \\ \dot{\phi}_{(M+N)/2} \\ \dot{\phi}_{N/2}^J \\ \dot{\phi}_{1+(M+N)/2} \\ \vdots \\ \dot{\phi}_{M+1} \end{pmatrix} \quad \text{et} \quad Q_g = V_g \begin{pmatrix} -C \\ -C \\ \vdots \\ -C \\ -C_g - C \\ C_g \\ \vdots \\ -C_g - C \\ C_g \\ -C \\ \vdots \\ -C \end{pmatrix} (A.12)$$

La matrice $\mathcal{C}_\Sigma$ est diagonale par blocs, de taille $(M + N + 1) \times (M + N + 1)$ et s'écrit :

$$\mathcal{C}_\Sigma = \begin{pmatrix} \mathcal{C}_{r_1} & 0 & \cdots & \cdots & 0 \\ 0 & \mathcal{C}_l & 0 & \ddots & \vdots \\ \vdots & 0 & \ddots & 0 & \vdots \\ \vdots & \ddots & 0 & \mathcal{C}_l & 0 \\ 0 & \cdots & \cdots & 0 & \mathcal{C}_{r_2} \end{pmatrix} \qquad (A.13)$$

où $\mathcal{C}_{r_1} = C \times \mathcal{I}_{\frac{M-N}{2}}$, $\mathcal{C}_{r_2} = C \times \mathcal{I}_{1+\frac{M-N}{2}}$ et où $\mathcal{C}_l$ est une matrice de taille 2×2 qui s'écrit :

$$\mathcal{C}_l = \begin{pmatrix} C + C_g & -C_g \\ -C_g & C_J + C_g \end{pmatrix}. \tag{A.14}$$

On peut utiliser cette écriture matricielle pour réécrire le Lagrangien sous la forme :

$$\mathcal{L} = \frac{1}{2}\dot{\Phi}^T \mathcal{C}_\Sigma \left\{ \dot{\Phi} + 2\mathcal{C}_\Sigma^{-1} Q_g \right\} - U(\Phi). \tag{A.15}$$

où $()^T$ désigne la transposée et où l'énergie potentielle est :

$$U(\Phi) = \sum_{n=1}^{M} \frac{(\phi_{n+1} - \phi_n)^2}{2L} - \sum_{j=1}^{N} E_J \cos(\frac{2\pi}{\Phi_0}\phi_j^J) - \frac{V_g^2}{2}\{dc + NC_g\}. \tag{A.16}$$

Sachant que $\dot{\Phi} = \mathcal{C}_\Sigma^{-1}\{Q - Q_g\}$, nous pouvons écrire la transformée de Legendre $\mathcal{H} = \dot{\Phi}^T Q - \mathcal{L}$ sous la forme :

$$\begin{aligned} \mathcal{H} &= \{Q - Q_g\}^T \mathcal{C}_\Sigma^{-1} Q - \frac{1}{2}\{Q - Q_g\}^T \left\{ \mathcal{C}_\Sigma^{-1}\{Q - Q_g\} + 2\mathcal{C}_\Sigma^{-1} Q_g \right\} + U(\Phi) \\ &= \frac{1}{2}\{Q - Q_g\}^T \mathcal{C}_\Sigma^{-1}\{Q - Q_g\} + U(\Phi). \end{aligned} \tag{A.17}$$

où la matrice de capacitance inverse est :

$$\mathcal{C}_\Sigma^{-1} = \begin{pmatrix} \mathcal{C}_{r_1}^{-1} & 0 & \cdots & \cdots & 0 \\ 0 & \mathcal{C}_l^{-1} & 0 & \ddots & \vdots \\ \vdots & 0 & \ddots & 0 & \vdots \\ \vdots & \ddots & 0 & \mathcal{C}_l^{-1} & 0 \\ 0 & \cdots & \cdots & 0 & \mathcal{C}_{r_2}^{-1} \end{pmatrix} \tag{A.18}$$

où $\mathcal{C}_{r_1}^{-1} = (1/C) \times \mathcal{I}_{\frac{M-N}{2}}$, $\mathcal{C}_{r_2}^{-1} = (1/C) \times \mathcal{I}_{1+\frac{M-N}{2}}$ et où $\mathcal{C}_l^{-1}$ est donnée par :

$$\mathcal{C}_l^{-1} = \frac{1}{CC_g + CC_J + C_gC_J} \begin{pmatrix} C_J + C_g & C_g \\ C_g & C + C_g \end{pmatrix}. \tag{A.19}$$

Utilisons maintenant une hypothèse importante qui est vérifiée dès que les atomes sont suffisament espacés les uns des autres afin d'avoir $C = ac \gg C_g, C_J$

où a, est rappelons-le, la distance inter-atomique, et donc aussi la taille de la maille, et où c est la capacité par unité de longueur du résonateur. On peut alors faire l'approximation :

$$\mathcal{C}_l^{-1} \simeq \begin{pmatrix} \frac{1}{C} & \frac{C_g}{C(C_g+C_J)} \\ \frac{C_g}{C(C_g+C_J)} & \frac{1}{C_g+C_J} \end{pmatrix}. \tag{A.20}$$

Remplaçant les variables conjuguées Φ et $\mathcal{Q}$ par leur équivalent quantique $\hat{\Phi}$ et $\hat{Q}$, et fort de la dernière approximation , on peut alors écrire l'Hamiltonien quantique du système comme suit :

$$\hat{\mathcal{H}} \simeq \sum_{n=1}^{M} \{\frac{1}{2C}(\hat{q}_n + q_g^r)^2 + \frac{(\hat{\phi}_{n+1} - \hat{\phi}_n)^2}{2L}\} + \frac{1}{2C}(\hat{q}_{M+1} + q_g^r)^2$$

$$+ \sum_{j=1}^{N} \{\frac{1}{2(C_g + C_J)}(\hat{q}_j^J - q_g^J)^2 - E_J \cos(\frac{2\pi}{\Phi_0}\hat{\phi}_j^J)\}$$

$$+ \sum_{j=1}^{N} \frac{C_g}{C(C_g+C_J)}(\hat{q}_{j+\frac{M-N}{2}} + q_g^r)(\hat{q}_j^J - q_g^J), \tag{A.21}$$

où $q_g^r = V_g(C_g + C)$ et $q_g^J = C_g V_g$, et où nous avons enlevé les constantes qui ne dépendaient que de V_g et des capacités. On voit par ailleurs que l'on peut écrire $\hat{\mathcal{H}} = \hat{\mathcal{H}}_{osc} + \hat{\mathcal{H}}_{CPB} + \hat{\mathcal{H}}_{coupl}$ où $\hat{\mathcal{H}}_{osc}$ correspond à la première ligne de l'Hamiltonien précédent, $\hat{\mathcal{H}}_{CPB}$ la deuxième et $\hat{\mathcal{H}}_{coupl}$ la troisième. On remarque aussi que la tension V_g introduit une charge non seulement sur les îles supraconductrices des boîtes à paires de Cooper mais aussi sur chaque maille du résonateur par le terme q_g^r. Or, la charge sur le résonateur n'est pas quantifiée (à cause de la présence des inductances); aussi , on peut l'enlever grâce à une transformation de Jauge : $U^\dagger \hat{\mathcal{H}} U$ où $U = \prod_{n=1}^{M+1} exp\{-iq_g^r\hat{\phi}_n/\hbar\}$. Finalement, introduisant les variables usuelles de nombre de charge et de flux réduit, on obtient :

$$\hat{\mathcal{H}} \simeq \hat{\mathcal{H}}_{osc} + \sum_{j=1}^{N} \{4E_C(\hat{n}_j^J - C_g V_g)^2 - E_J \cos(\hat{\varphi}_j^J)\}$$

$$+ \sum_{j=1}^{N} 4E_C 2C_g \frac{(\hat{q}_{j+\frac{M-N}{2}})}{C}(\hat{n}_j^J - C_g V_g). \tag{A.22}$$

$\hat{\mathcal{H}}_{osc}$ est l'Hamiltonien des M mailles du résonateur nu, et donnera donc dans la limite où M tend vers l'infini, les modes bsosniques calculés dans le chapitre

1. On voit apparaître dans l'Hamiltonien de couplage, des termes $\frac{(\hat{q}_{j+}\frac{M-N}{2})}{C} \simeq$ $\hat{V}(x_j)$ où x_j est la position de la j^{me} boîte à paires de Cooper et $\hat{V}$ la tension du résonateur. Dans l'hypothèse où les N Boîtes à paires de Cooper s'étendent sur une distance très faible devant la taille du résonateur, au centre de celui-ci, on pourra alors négliger les variations spatiales du mode de tension du résonateur auquel sont couplées les Boîtes à paires de Cooper. Négligeant alors les autres modes bosoniques du résonateur (moyennant les mêmes hypothèses que dans le chapitre 2), on trouve un Hamiltonien qui serait plutôt[2] :

$$\hat{H} = \hbar\omega_{\text{res}}\hat{a}^\dagger\hat{a} + \sum_{j=1}^{N} \Big\{ 4E_c\{[\hat{n}_j - \frac{C_g V_g}{2e}]^2 + 2C_g\hat{V}[\hat{n}_j - \frac{C_g V_g}{2e}]\}$$

$$- \sum_{n\in\mathbb{Z}} \frac{E_J}{2}(|n+1\rangle\langle n| + |n\rangle\langle n+1|)_j \Big\}, \qquad (A.23)$$

avec les mêmes notations que dans le chapitre 2. On se rend compte que le terme $\hat{\mathbf{A}}^2$ est nul ! En fait, les Hamiltoniens de couplage capacitif dérivés jusqu'à présent avaient pour but de décrire le couplage fort[15], et non le couplage ultrafort. Or en couplage fort, le terme $\hat{\mathbf{A}}^2$ issu de la forme quadratique $4E_C(\hat{n} - \hat{n}_{ext})^2$ a de toute façon une très faible incidence. Mais, dans notre cas, il peut s'il est trop grand, empêcher une transition de phase quantique superradiante. Donc il faut prendre soin de bien l'évaluer. Heureusement, dans la limite intéressante pour les Boîtes à paires de Cooper, c'est-à-dire le régime de charge, le terme $\hat{\mathbf{A}}^2$ calculé à partir de la forme quadratique $4E_C(\hat{n} - \hat{n}_{ext})^2$ tend aussi vers 0, ce qui ne remet pas en cause nos résultats.

A.3 Dérivation de l'Hamiltonien du circuit électrique d'une chaîne de Fluxoniums couplés capacitivement à un résonateur

Pour dériver l'Hamiltonien du circuit présenté en figure A.2, il suffit de s'appuyer sur le calcul précédent avec les boîtes à paires de Cooper. On pose alors $V_g = 0$ et on rajoute une énergie inductive pour chaque atome si bien

---

2. Où l'on a laissé tomber l'exposant J des variables des Boîtes à paires de Cooper.

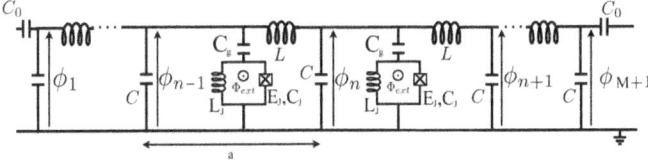

FIGURE A.2 – Schéma du système considéré : N Fluxoniums couplés capaciti-vement à un résonateur. La distance inter-atomique est suffisamment grande pour que $C \gg C_g, C_J$ où $C = ac$ est la capacité du résonateur dans chaque maille. Par ailleurs, on fait l'hypothèse que la longueur sur laquelle s'étend la chaîne de N Fluxoniums est très faible devant la longueur du résonateur, afin de négliger les variations spatiales du mode de tension du champ auquel les Fluxoniums sont couplés.

qu'on obtient l'Hamiltonien :

$$\hat{\mathcal{H}} \simeq \hat{\mathcal{H}}_{osc} + \sum_{j=1}^{N} \{ 4E_C(\hat{n}_j^J)^2 + \frac{E_L}{2}(\hat{\varphi}_j^J)^2 - E_J \cos(\Phi_{ext}^j + \hat{\varphi}_j^J) \}$$

$$+ \sum_{j=1}^{N} 4E_C 2C_g \frac{(\hat{q}_{j+\frac{M-N}{2}})}{C}(\hat{n}_j^J). \tag{A.24}$$

La nullité du terme $\hat{\mathbf{A}}^2$ impliquerait alors la transition de phase quantique superradiante.

A.4   Théorie des perturbations pour $N \geq 2$ Fluxoniums

Considérons un nombre $N \geq 2$ de Fluxoniums avec des énergies qui, en toute généralité, peuvent dépendre de chaque Fluxonium, i.e. $\hat{H}_F = \sum_{j=1..N} \hbar\omega_{F,j}\hat{\sigma}_{z,j}$. $\hat{H}_F$ ne couple les deux vides dégénérés qu'à l'ordre N. Pour des valeurs finies de N et du couplage adimensionné g, le splitting est donné par :

$$
\hbar\delta \simeq \frac{2\Pi_{j=1..N}\omega_{F,j}}{D(E_{G_+}, E_{\mathbf{n_1},\sigma(1)(S_+)}, ..., E_{\mathbf{n_{N-1}},\sigma(N-1)(...\sigma(1)(S_+)))})}
$$
$$
\times |\sum_{\sigma\in\mathfrak{S}_N}\ \sum_{\mathbf{n_1},\mathbf{n_2},...\mathbf{n_{N-1}}}\langle G_+|\sigma_{\sigma(1)}^z|\mathbf{n_1},\sigma(1)(S_+)\rangle\langle\mathbf{n_1},\sigma(1)(S_+)|\sigma_{\sigma(2)}^z|\mathbf{n_2},\sigma(2)(\sigma(1)(S_+))\rangle
$$
$$
\times ... \times \langle\mathbf{n_{N-1}},\sigma(N-1)(...\sigma(1)(S_+))|\sigma_{\sigma(N)}^z|G_-\rangle| \tag{A.25}
$$

où $\mathfrak{S}_N$ est le groupe des permutations de $\{1..N\}$, S_+ est la configuration $\{+ + ...+\}$, et où $\sigma(m)(...\sigma(1)(S_+))$ est la configuration dans laquelle les $\sigma(1)^{eme}$, $\sigma(2)^{eme}$ ... $\sigma(m)^{eme}$ pseudo-spins ont basculé de $+$ vers -. L'expression précédente contient tous les états excités de toutes les configurations de pseudo-spins, avec dans le dénominateur $D(E_{G_+}, E_{\mathbf{n_1},\sigma(1)(S_+)}, ..., E_{\mathbf{n_{N-1}},\sigma(N-1)(...\sigma(1)(S_+)))})$ un produit de différences entre l'énergie de chacune des configurations et celle du fondamental. En fait, lorsque $g \to +\infty$, ce dénominateur sera polynomial et proportionnel à $(\hbar\omega_{k=1})^{N-1}$. Ainsi, on obtient :

$$
\delta \sim 2\omega_{k=1}\left[\Pi_{j=1..N}(\frac{\omega_{F,j}}{2\omega_{k=1}})\right]\sum_{\sigma\in\mathfrak{S}_N}\ \sum_{\mathbf{n_1},\mathbf{n_2},...\mathbf{n_{N-1}}} \tag{A.26}
$$
$$
\langle G_+|\sigma_{\sigma(1)}^z|\mathbf{n_1},\sigma(1)(S_+)\rangle\langle\mathbf{n_1},\sigma(1)(S_+)|\sigma_{\sigma(2)}^z|\mathbf{n_2},\sigma(2)(\sigma(1)(S_+))\rangle
$$
$$
\times ....\langle\mathbf{n_{N-1}},\sigma(N-1)(...\sigma(1)(S_+))|\sigma_{\sigma(N)}^z|G_-\rangle \tag{A.27}
$$
$$
= 2\omega_{k=1}N!\left[\Pi_{j=1..N}(\frac{\omega_{F,j}}{2\omega_{k=1}})\right]\langle G_+|\Pi_{j=1..N}\sigma_j^z|G_-\rangle
$$
$$
\sim 2\omega_{k=1}\left[\Pi_{j=1..N}(\frac{\omega_{F,j}}{2\omega_{k=1}})\right]e^{\frac{-4g^2}{\sin(\frac{\pi}{2N})^2}\sum_{1\leq k_e\leq N_m}\frac{1}{k_e^3}} \tag{A.28}
$$

Dans le cas où toutes les énergies de Fluxoniums sont égales et à résonance du premier mode de la cavité : $\omega_{F,j} = \omega_F = \omega_{k=1}$, on obtient, en ne gardant que les termes dominants :

$$
\log\left(\frac{\delta}{\omega_F}\right) = -\beta(N)g^2 \sim \frac{-4g^2}{\sin(\frac{\pi}{2N})^2}\sum_{1\leq k_e\leq N_m}\frac{1}{k_e^3} \tag{A.29}
$$

$$
\tag{A.30}
$$

où $1.6N^2 < \frac{4}{\sin(\frac{\pi}{2N})^2}\sum_{1\leq k_e\leq N_m}\frac{1}{k_e^3} < 2.1N^2 \quad \forall N \geq 2$.

Dans le cas où l'on a une distribution $\omega_{F,j} = \omega_F + \Delta_j$ où Δ_j est une variable aléatoire de moyenne nulle et de variance $\Delta^2 = \langle\Delta_j^2\rangle$, on a un splitting moyen et une déviation standard qui vérifient :

$$< \delta > \sim 2\omega_{k=1} N! (\frac{\omega_F}{2\omega_{k=1}})^N e^{\frac{-4g^2}{\sin(\frac{\pi}{2N})^2} \sum_{1 \leq k_e \leq N_m} \frac{1}{k_e^3}} \tag{A.31}$$

$$\sigma = \sqrt{< \delta^2 > - < \delta >^2} \sim < \delta > \sqrt{(1 + (\frac{\Delta}{\omega_F})^2)^N - 1} \sim \sqrt{N} \frac{\Delta}{\omega_F} < \delta > .$$

Ces quantités ont la même dépendance exponentielle que le splitting δ de la distribution uniforme. Ainsi, l'effet du désordre sur les énergies atomiques peut être rendu arbitrairement petit.

A.5 Calcul des déplacements macroscopiques dans l'Hamiltonien de Dicke 'double chaîne'

Partons de l'Hamiltonien :

$$\hat{H}/\hbar = \omega_{cav} \hat{a}^\dagger \hat{a} + \omega_C^0 (\hat{b}_C^\dagger \hat{b}_C - \frac{N_C}{2}) + \omega_I^0 (\hat{b}_I^\dagger \hat{b}_I - \frac{N_I}{2}) \tag{A.32}$$

$$+ \Omega_C (\hat{a} + \hat{a}^\dagger)(\hat{b}_C^\dagger \sqrt{1 - \hat{b}_C^\dagger \hat{b}_C / N_C} + \sqrt{1 - \hat{b}_C^\dagger \hat{b}_C / N_C} \, \hat{b}_C)$$

$$+ i\Omega_I (\hat{a} - \hat{a}^\dagger)(\hat{b}_I^\dagger \sqrt{1 - \hat{b}_I^\dagger \hat{b}_I / N_I} + \sqrt{1 - \hat{b}_I^\dagger \hat{b}_I / N_I} \, \hat{b}_I).$$

Comme pour l'Hamiltonien de Dicke standard, les excitations de la phase normale sont obtenues en négligeant les termes proportionnels à $(1/N_k)$ (pour $k = C, I$) dans l'Hamiltonien précédent. La matrice de Hopfield-Bogoliubov associée à l'Hamiltonien quadratique obtenu est :

$$\mathcal{M} = \begin{pmatrix} \omega_{cav} & \Omega_C & i\Omega_I & 0 & -\Omega_C & -i\Omega_I \\ \Omega_C & \omega_C^0 & 0 & -\Omega_C & 0 & 0 \\ -i\Omega_I & 0 & \omega_I^0 & -i\Omega_I & 0 & 0 \\ 0 & \Omega_C & -i\Omega_I & -\omega_{cav} & -\Omega_C & i\Omega_I \\ \Omega_C & 0 & 0 & -\Omega_C & -\omega_C^0 & 0 \\ -i\Omega_I & 0 & 0 & -i\Omega_I & 0 & -\omega_I^0 \end{pmatrix} . \tag{A.33}$$

Quant à l'énergie du fondamental, elle vaut $E_G = 1/2(\omega_l + \omega_m + \omega_u - \omega_{cav} - (N_C + 1)\omega_C^0 - (N_I + 1)\omega_I^0)$ où $\omega_l \leq \omega_m \leq \omega_u$ sont les trois valeurs propres positives de $\mathcal{M}$.

Puisque $det(\mathcal{M}) = \omega_C^0 \omega_I^0 \{\omega_{cav} \omega_C^0 - 4\Omega_C^2\} \{\omega_{cav} \omega_I^0 - 4\Omega_I^2\}$, on voit que le mode normal minimal ω_l peut s'annuler quand $\{\omega_{cav} \omega_C^0 - 4\Omega_C^2\} = 0$, ou quand $\{\omega_{cav} \omega_I^0 - 4\Omega_I^2\} = 0$, ce qui donne naissance à deux lignes critiques dans le plan (Ω_C, Ω_I). La première a comme équation $\Omega_C = \Omega_C^{cr} = (1/2)\sqrt{\omega_{cav}\omega_C^0}$, et la seconde $\Omega_I = \Omega_I^{cr} = (1/2)\sqrt{\omega_{cav}\omega_I^0}$.

Les excitations des phases superradiantes (pour $\Omega_C \geq \Omega_C^{cr}$ et/ou $\Omega_I \geq \Omega_I^{cr}$) sont obtenues en revenant à l'Hamiltonien (A.32) et en supposant que les 2 chaînes atomiques et le champ peuvent acquérir des occupations macroscopiques moyennes. Ainsi, on déplace les 3 modes bosoniques :

$$\hat{a}^\dagger \to \hat{c}^\dagger + \epsilon_C\sqrt{\gamma_C} + i\epsilon_I\sqrt{\gamma_I} \; ; \; \hat{b}_C^\dagger \to \hat{d}_C^\dagger - \epsilon_C\sqrt{\beta_C} \; ; \; \hat{b}_I^\dagger \to \hat{d}_I^\dagger - \epsilon_I\sqrt{\beta_I} \quad \text{(A.34)}$$

où γ_C, γ_I, β_C et β_I sont réels et où $\epsilon_C = \pm 1$ and $\epsilon_I = \pm 1$. Dans la suite, on considèrera $\epsilon_C = \epsilon_I = 1$, les autres solutions s'obtenant par changement de signe. Rappelons que l'on doit faire l'hypothèse très importante selon laquelle $\gamma_C \sim \beta_C \sim N_C$ and $\gamma_I \sim \beta_I \sim N_I$. L'Hamiltonien devient alors :

$$
\begin{aligned}
\hat{H}/\hbar &= \omega_{cav}\{\hat{c}^\dagger\hat{c} + (\sqrt{\gamma_C} - i\sqrt{\gamma_I})\hat{c}^\dagger + (\sqrt{\gamma_C} + i\sqrt{\gamma_I})\hat{c} + \gamma_C + \gamma_I\} \qquad \text{(A.35)} \\
&+ \omega_C^0\{\hat{d}_C^\dagger\hat{d}_C - \sqrt{\beta_C}(\hat{d}_C + \hat{d}_C^\dagger) + \beta_C - \frac{N_C}{2}\} \\
&+ \omega_I^0\{\hat{d}_I^\dagger\hat{d}_I - \sqrt{\beta_I}(\hat{d}_I + \hat{d}_I^\dagger) + \beta_I - \frac{N_I}{2}\} \\
&+ \sqrt{\frac{K_C}{N_C}}\Omega_C\left\{\hat{c}^\dagger + \hat{c} + 2\sqrt{\gamma_C}\right\}\left\{(\hat{d}_C^\dagger - \sqrt{\beta_C})\sqrt{1 - \frac{\hat{d}_C^\dagger\hat{d}_C - \sqrt{\beta_C}(\hat{d}_C + \hat{d}_C^\dagger)}{K_C}}\right. \\
&\left. + \sqrt{1 - \frac{\hat{d}_C^\dagger\hat{d}_C - \sqrt{\beta_C}(\hat{d}_C + \hat{d}_C^\dagger)}{K_C}}(\hat{d}_C - \sqrt{\beta_C})\right\} \\
&+ i\sqrt{\frac{K_I}{N_I}}\Omega_I\left\{\hat{c} - \hat{c}^\dagger - 2i\sqrt{\gamma_I}\right\}\left\{(\hat{d}_I^\dagger - \sqrt{\beta_I})\sqrt{1 - \frac{\hat{d}_I^\dagger\hat{d}_I - \sqrt{\beta_I}(\hat{d}_I + \hat{d}_I^\dagger)}{K_I}}\right. \\
&\left. + \sqrt{1 - \frac{\hat{d}_I^\dagger\hat{d}_I - \sqrt{\beta_I}(\hat{d}_I + \hat{d}_I^\dagger)}{K_I}}(\hat{d}_I - \sqrt{\beta_I})\right\},
\end{aligned}
$$

où $K_I = N_I - \beta_I \sim N_I$ et $K_C = N_C - \beta_C \sim N_C$. On écrit alors pour $k = I, C$:

$$
\begin{aligned}
\sqrt{1 - \frac{\hat{d}_k^\dagger\hat{d}_k - \sqrt{\beta_k}(\hat{d}_k + \hat{d}_k^\dagger)}{K_k}} &\approx 1 - \frac{1}{2K_k}\{\hat{d}_k^\dagger\hat{d}_k - \sqrt{\beta_k}(\hat{d}_k + \hat{d}_k^\dagger)\} \\
&- \frac{1}{8K_k^2}\{\hat{d}_k^\dagger\hat{d}_k - \sqrt{\beta_k}(\hat{d}_k + \hat{d}_k^\dagger)\}^2. \quad \text{(A.36)}
\end{aligned}
$$

On effectue la limite thermodynamique dans l'Hamiltonien précédent en
éliminant les termes dont les coefficients tendent vers 0 quand $N_k \to +\infty$
($k = C, I$) :

$$
\begin{aligned}
\hat{H}/\hbar = \; & \omega_{cav}\hat{c}^\dagger\hat{c} \; + \; \Big\{\omega_C^0 + 2\Omega_C\sqrt{\frac{\gamma_C\beta_C}{N_C K_C}}\Big\}\hat{d}_C^\dagger\hat{d}_C \; + \; \Big\{\omega_I^0 + 2\Omega_I\sqrt{\frac{\gamma_I\beta_I}{N_I K_I}}\Big\}\hat{d}_I^\dagger\hat{d}_I \\
& + \; \Omega_C\sqrt{\frac{\gamma_C\beta_C}{N_C K_C}}\frac{\beta_C + 2K_C}{2K_C}(\hat{d}_C^\dagger + \hat{d}_C)^2 + \Omega_I\sqrt{\frac{\gamma_I\beta_I}{N_I K_I}}\frac{\beta_I + 2K_I}{2K_I}(\hat{d}_I^\dagger + \hat{d}_I)^2 \\
& + \; \Omega_C\frac{N_C - 2\beta_C}{\sqrt{N_C K_C}}(\hat{c}+\hat{c}^\dagger)(\hat{d}_C^\dagger + \hat{d}_C) \; + \; i\Omega_I\frac{N_I - 2\beta_I}{\sqrt{N_I K_I}}(\hat{c}-\hat{c}^\dagger)(\hat{d}_I^\dagger + \hat{d}_I) \\
& + \; \hat{c}^\dagger\Big\{\omega_{cav}(\sqrt{\gamma_C} - i\sqrt{\gamma_I}) - 2\Omega_C\sqrt{\frac{K_C\beta_C}{N_C}} + 2i\Omega_I\sqrt{\frac{K_I\beta_I}{N_I}}\Big\} + \mathbf{h.c} \\
& \hspace{10cm} \text{(A.37)} \\
& + \; (\hat{d}_C^\dagger + \hat{d}_C)\Big\{-\omega_C^0\sqrt{\beta_C} + 2\Omega_C\sqrt{\frac{K_C\gamma_C}{N_C}}(1-\frac{\beta_C}{K_C})\Big\} \\
& + \; (\hat{d}_I^\dagger + \hat{d}_I)\Big\{-\omega_I^0\sqrt{\beta_I} + 2\Omega_I\sqrt{\frac{K_I\gamma_I}{N_I}}(1-\frac{\beta_I}{K_I})\Big\} \\
& + \; \Big\{\omega_{cav}\gamma_C + \omega_{cav}\gamma_I + (\beta_C - N_C/2)\omega_C^0 + (\beta_I - N_I/2)\omega_I^0 \\
& - \; \Omega_C\sqrt{\frac{\beta_C\gamma_C}{N_C}}(4\sqrt{K_C} + 1/\sqrt{K_C}) - \Omega_I\sqrt{\frac{\beta_I\gamma_I}{N_I}}(4\sqrt{K_I} + 1/\sqrt{K_I})\Big\}.
\end{aligned}
$$

Dans cet Hamiltonien, les trois premières lignes regroupent des termes quadratiques, les 4eme, 5eme et 6eme des termes linéaires et les deux dernières des
constantes. Les occupations macroscopiques $\gamma_C, \gamma_I, \beta_C$ et β_I s'obtiennent en
éliminant les termes linéaires :

$$
\begin{cases}
\omega_{cav}(\sqrt{\gamma_C} - i\sqrt{\gamma_I}) - 2\Omega_C\sqrt{\frac{K_C\beta_C}{N_C}} + 2i\Omega_I\sqrt{\frac{K_I\beta_I}{N_I}} = 0 \\[3mm]
-\omega_C^0\sqrt{\beta_C} + 2\Omega_C\sqrt{\frac{K_C\gamma_C}{N_C}}(1-\frac{\beta_C}{K_C}) = 0 \\[3mm]
-\omega_I^0\sqrt{\beta_I} + 2\Omega_I\sqrt{\frac{K_I\gamma_I}{N_I}}(1-\frac{\beta_I}{K_I}) = 0
\end{cases}
\qquad \text{(A.38)}
$$

Puis :

$$
\begin{cases}
\sqrt{\gamma_C} = \frac{2}{\omega_{cav}}\Omega_C \sqrt{\frac{K_C \beta_C}{N_C}} \\[2mm]
\sqrt{\gamma_I} = \frac{2}{\omega_{cav}}\Omega_I \sqrt{\frac{K_I \beta_I}{N_I}} \\[2mm]
\sqrt{\beta_C}\{-\omega_C^0 + \frac{4\Omega_C^2}{\omega_{cav}}\frac{N_C - 2\beta_C}{N_C}\} = 0 \\[2mm]
\sqrt{\beta_I}\{-\omega_I^0 + \frac{4\Omega_I^2}{\omega_{cav}}\frac{N_I - 2\beta_I}{N_I}\} = 0
\end{cases}
\tag{A.39}
$$

Donc, selon les valeurs de Ω_C et Ω_I, nous obtenons quatre possibilités (qui décrivent les quatres phases du diagramme) :

$$
\begin{cases}
\{\sqrt{\gamma_C} + i\sqrt{\gamma_I}, \sqrt{\beta_C}, \sqrt{\beta_I}\} = & \{0,0,0\} \qquad\qquad\qquad (a) \\[3mm]
\{\sqrt{\gamma_C} + i\sqrt{\gamma_I}, \sqrt{\beta_C}, \sqrt{\beta_I}\} = & \{\frac{\Omega_C\sqrt{N_C(1-\mu_C^2)}}{\omega_{cav}}, \sqrt{\frac{N_C}{2}(1-\mu_C)}, 0\} \quad (b) \\[3mm]
\{\sqrt{\gamma_C} + i\sqrt{\gamma_I}, \sqrt{\beta_C}, \sqrt{\beta_I}\} = & \{i\frac{\Omega_I\sqrt{N_I(1-\mu_I^2)}}{\omega_{cav}}, 0, \sqrt{\frac{N_I}{2}(1-\mu_I)}\} \quad (c) \\[3mm]
\{\sqrt{\gamma_C} + i\sqrt{\gamma_I}, \sqrt{\beta_C}, \sqrt{\beta_I}\} = & \{\frac{\Omega_C\sqrt{N_C(1-\mu_C^2)}}{\omega_{cav}} + i\frac{\Omega_I\sqrt{N_I(1-\mu_I^2)}}{\omega_{cav}}, \\[3mm]
& \sqrt{\frac{N_C}{2}(1-\mu_C)}, \sqrt{\frac{N_I}{2}(1-\mu_I)}\} \quad (d)
\end{cases}
$$

où nous avons introduit $\mu_I = \frac{\omega_I^0 \omega_{cav}}{4\Omega_I^2}$ et $\mu_C = \frac{\omega_C^0 \omega_{cav}}{4\Omega_C^2}$. Ces quatres phases sont décrites dans le chapitre 4.

Enfin, pour obtenir les excitations bosoniques élementaires des phases (a), (b), (c) et (d) ainsi que l'énergie du fondamental, on réintroduit les solutions des déplacements dans le dernier Hamiltonien qui est quadratique. Pour synthétiser les résultats, on peut définir $\tilde{\mu}_C$ comme $\tilde{\mu}_C = 1$ si $\Omega_C < \Omega_C^{cr}$ et $\tilde{\mu}_C = \frac{\omega_C^0 \omega_{cav}}{4\Omega_C^2}$ si $\Omega_C > \Omega_C^{cr}$, et de manière équivalente $\tilde{\mu}_I = 1$ si $\Omega_I < \Omega_I^{cr}$ et $\tilde{\mu}_I = \frac{\omega_I^0 \omega_{cav}}{4\Omega_I^2}$ si $\Omega_I > \Omega_I^{cr}$. Ainsi, les excitations collectives dans toutes les phases s'obtiennent en calculant les 3 valeurs propres positives ($\tilde{\omega}_l \leq \tilde{\omega}_m \leq \tilde{\omega}_u$) de la matrice $\tilde{\mathcal{M}}$ qui s'écrit :

$$\begin{pmatrix} \omega_{cav} & \tilde{\Omega}_C & i\tilde{\Omega}_I & 0 & -\tilde{\Omega}_C & -i\tilde{\Omega}_I \\ \tilde{\Omega}_C & \tilde{\omega}_C^0 + 2\tilde{D}_C & 0 & -\tilde{\Omega}_C & -2\tilde{D}_C & 0 \\ -i\tilde{\Omega}_I & 0 & \tilde{\omega}_I^0 + 2\tilde{D}_I & -i\tilde{\Omega}_I & 0 & -2\tilde{D}_I \\ 0 & \tilde{\Omega}_C & -i\tilde{\Omega}_I & -(\omega_{cav}) & -\tilde{\Omega}_C & i\tilde{\Omega}_I \\ \tilde{\Omega}_C & 2\tilde{D}_C & 0 & -\tilde{\Omega}_C & -(\tilde{\omega}_C^0 + 2\tilde{D}_C) & 0 \\ -i\tilde{\Omega}_I & 0 & 2\tilde{D}_I & -i\tilde{\Omega}_I & 0 & -(\tilde{\omega}_I^0 + 2\tilde{D}_I) \end{pmatrix} \quad (A.40)$$

où, pour $k = C, I$

$$\tilde{\omega}_k^0 = (1 + \tilde{\mu}_k)\frac{\omega_k^0}{2\tilde{\mu}_k}; \quad \tilde{\Omega}_k = \Omega_k \tilde{\mu}_k \sqrt{\frac{2}{1 + \tilde{\mu}_k}}; \quad \tilde{D}_k = \frac{\omega_k^0(3 + \tilde{\mu}_k)(1 - \tilde{\mu}_k)}{8(1 + \tilde{\mu}_k)\tilde{\mu}_k}. \,(A.41)$$

On peut vérifier que pour $\Omega_C < \Omega_C^{cr}$ et $\Omega_I < \Omega_I^{cr}$, $\tilde{\mathcal{M}} = \mathcal{M}$.

L'énergie du fondamental, dans les 4 phases est :

$$\tilde{E}_G = 1/2(\tilde{\omega}_l + \tilde{\omega}_m + \tilde{\omega}_u - \omega_{cav} - \tilde{\omega}_C^0 - \tilde{\omega}_I^0) - \frac{\omega_C^0}{4\tilde{\mu}_C}\{N_C(1 + \tilde{\mu}_C^2) + (1 - \tilde{\mu}_C)\}$$

$$- \frac{\omega_I^0}{4\tilde{\mu}_I}\{N_I(1 + \tilde{\mu}_I^2) + (1 - \tilde{\mu}_I)\} \quad (A.42)$$

On vérifie également que $\tilde{E}_G = E_G$ pour $\Omega_C < \Omega_C^{cr}$ et $\Omega_I < \Omega_I^{cr}$.

La manière dont $\tilde{\omega}_l$ s'annule aux points critiques donne les exposants critiques associés à la transition de phase quantique. Puisque le diagramme de phase est bi-dimensionnel, on doit étudier ce comportement selon différents chemins. Par exemple, comme montré sur la figure correspondante du chapitre 4, on peut étudier le comportement de $\tilde{\omega}_l$ le long des lignes radiales pour un θ fixé en considérant l'Hamiltonien (A.32) dans lequel $\Omega_C = \cos(\theta)\Omega = \cos(\theta)\sqrt{\Omega_C^2 + \Omega_I^2}$ et $\Omega_I = \sin(\theta)\Omega = \sin(\theta)\sqrt{\Omega_C^2 + \Omega_I^2}$, où nous introduisons ici $\Omega = \sqrt{\Omega_C^2 + \Omega_I^2}$ par souci de clarté. Alors, dans le cas $\omega_0^C = \omega_0^I$, pour $\theta \not\equiv \pi/4 \, [\pi/2]$, il y a deux points critiques, c'est-à-dire des valeurs de Ω en lesquelles $\tilde{\omega}_l = 0$. Bien sûr, ils correspondent aux intersections des lignes radiales et des lignes critiques $\Omega_C = \Omega_C^{cr}$ et $\Omega_I = \Omega_I^{cr}$, et se situent aux points $\Omega = \Omega_C^{cr}/\cos(\theta)$ et $\Omega = \Omega_I^{cr}/\sin(\theta)$. En écrivant que $det(\tilde{\mathcal{M}}) = -\tilde{\omega}_l^2\tilde{\omega}_m^2\tilde{\omega}_u^2$, il est facile de montrer que pour $\theta \not\equiv \pi/4 \, [\pi/2]$,

$$\tilde{\omega}_l(\Omega \to \Omega_C^{cr}/\cos(\theta)) \sim |\Omega - \Omega_C^{cr}/\cos(\theta)|^{1/2} \quad (A.43)$$

$$\tilde{\omega}_l(\Omega \to \Omega_I^{cr}/\sin(\theta)) \sim |\Omega - \Omega_I^{cr}/\sin(\theta)|^{1/2}. \quad (A.44)$$

Quand $\theta = \pi/4$ (et dans le cas résonant), il y a un seul point critique, et quand $\Omega \to \Omega_C^{cr}/\cos(\theta) = \Omega_I^{cr}/\sin(\theta) = \omega_{cav}/\sqrt{2}$, alors

$$\tilde{\omega}_l(\Omega \to \omega_{cav}/\sqrt{2}) \sim |\Omega - \omega_{cav}/\sqrt{2}|. \qquad (A.45)$$

En fait, au point $(\Omega_C^{cr}, \Omega_I^{cr})$, les deux brisures de symétrie se produisent en même temps et le mode normal $\tilde{\omega}_l$ s'annule linéairement, contrairement aux autres points critiques où $\tilde{\omega}_l$ s'annule en racine carrée.

A.6   Dérivation de l'équation maîtresse

On considère une équation maîtresse de la forme :

$$i\hbar\frac{\partial \hat{\rho}_{tot}}{\partial t} = \left[\hat{H}_{tot}(t), \hat{\rho}_{tot}\right]$$

où $\hat{H}_{tot}(t)$ est l'Hamiltonien de l'ensemble {réservoir+système}, défini par :

$$\hat{H}_{tot}(t) = \hat{H}_S(t) + \hat{H}_R + \hat{R}.\hat{S}$$

$$(A.46)$$

avec $\hat{R}$ l'opérateur de saut du réservoir qui est facteur de $\hat{S}$, l'opérateur de saut du système. Le réservoir est modélisé par un bain d'oscillateurs harmoniques, chacun d'entre eux étant indicé par λ, de telle sorte que $\hat{H}_R = \sum_\lambda \hbar\omega_\lambda b_\lambda^\dagger b_\lambda$. L'opérateur de saut du réservoir est supposé tel que : $\hat{R} = \sum_\lambda g_\lambda b_\lambda + g_\lambda^* b_\lambda^\dagger$. $\hat{H}_S(t)$ est l'Hamiltonien du système fermé [3]. On remarque que $\hat{H}_R$, $\hat{S}$, et $\hat{R}$ sont indépendants du temps.

On définit alors la matrice densité $\tilde{\rho}$ dans le référentiel d'interaction :

$$\tilde{\rho}_{tot}(t) = W^\dagger(t)\hat{\rho}_{tot}(t)W(t)$$

où $W(t)$ est l'opérateur d'évolution dans le référentiel d'interaction et est donné par l'exponentiation ordonnée dans le temps :

$$W(t) = \underleftarrow{T}e^{-\frac{i}{\hbar}\int_0^t(\hat{H}_S(s)+\hat{H}_R)ds} = (\underleftarrow{T}e^{-\frac{i}{\hbar}\int_0^t \hat{H}_S(s)ds})e^{-\frac{i}{\hbar}\hat{H}_R t} = W_S(t)W_R(t) \quad (A.47)$$

où $W_S(t) = \underleftarrow{T}e^{-\frac{i}{\hbar}\int_0^t \hat{H}_S(s)ds}$ vérifie :

$$\frac{dW_S(t)}{dt} = -\frac{i}{\hbar}\hat{H}_S(t)\underleftarrow{T}e^{-\frac{i}{\hbar}\int_0^t \hat{H}_S(s)ds} = -\frac{i}{\hbar}\hat{H}_S(t)W_S(t). \qquad (A.48)$$

---

3. On l'a noté $\hat{H}(t)$ dans le chapitre 5 ; on rajoute l'indice S ici pour plus de clarté.

tandis que $W_S^\dagger(t) = \underset{\rightarrow}{T} e^{\frac{i}{\hbar} \int_0^t \hat{H}_S(s)ds}$ satisfait :

$$\frac{dW_S^\dagger(t)}{dt} = \frac{i}{\hbar} \underset{\rightarrow}{T} e^{\frac{i}{\hbar} \int_0^t \hat{H}_S(s)ds} \hat{H}_S(t) = \frac{i}{\hbar} W_S^\dagger(t) \hat{H}_S(t). \qquad (A.49)$$

On remarque aussi que :

$$W_S(t_1)W_S^\dagger(t_2) = \underset{\leftarrow}{T} e^{-\frac{i}{\hbar} \int_{t_1}^{t_2} \hat{H}_S(s)ds} \text{ si } t_1 > t_2 \qquad (A.50)$$

$$W_S(t_1)W_S^\dagger(t_2) = \underset{\rightarrow}{T} e^{\frac{i}{\hbar} \int_{t_1}^{t_2} \hat{H}_S(s)ds} \text{ si } t_1 < t_2$$

L'équation maîtresse dans le référentiel d'interaction donne :

$$i\hbar \frac{\partial \tilde{\rho}_{tot}}{\partial t} = \left[\tilde{R}(t)\tilde{S}(t), \tilde{\rho}_{tot} \right], \qquad (A.51)$$

où :

$$\tilde{R}(t) = W_R^\dagger(t)\hat{R}W_R(t) = e^{\frac{i}{\hbar}\hat{H}_R t}\hat{R}e^{-\frac{i}{\hbar}\hat{H}_R t} = \left(\sum_\lambda g_\lambda b_\lambda e^{-i\omega_\lambda t} + g_\lambda^* b_\lambda^\dagger e^{i\omega_\lambda t} \right) (A.52)$$

et :

$$\tilde{S}(t) = W_S^\dagger(t)\hat{S}W_S(t) = (\underset{\rightarrow}{T} e^{\frac{i}{\hbar} \int_0^t \hat{H}_S(s)ds})\hat{S}(\underset{\leftarrow}{T} e^{-\frac{i}{\hbar} \int_0^t \hat{H}_S(s)ds}). \qquad (A.53)$$

On peut résoudre cette équation formellement :

$$\tilde{\rho}_{tot}(t) = \tilde{\rho}_{tot}(t_0) + \frac{1}{i\hbar} \int_{t_0}^t dt'[\tilde{R}(t')\tilde{S}(t'), \tilde{\rho}_{tot}(t')]. \qquad (A.54)$$

En insérant (A.54) dans (A.51), on obtient l'équation intégro-différentielle :

$$i\hbar \frac{\partial \tilde{\rho}_{tot}(t)}{\partial t} = [\tilde{R}(t)\tilde{S}(t), \tilde{\rho}_{tot}(t_0)] + \frac{1}{i\hbar} \int_{t_0}^t dt'[\tilde{R}(t)\tilde{S}(t), [\tilde{R}(t')\tilde{S}(t'), \tilde{\rho}_{tot}(t')]].$$
$$(A.55)$$

On trace la dernière équation sur les états du réservoir :

$$i\hbar \frac{\partial \tilde{\rho}_S(t)}{\partial t} = \frac{1}{i\hbar} \int_{t_0}^t dt' Tr_R \left\{ [\tilde{R}(t)\tilde{S}(t), [\tilde{R}(t')\tilde{S}(t'), \tilde{\rho}_{tot}(t')]] \right\},$$

où l'on a fait l'hypothèse d'un état initial factorisé pour la matrice densité $\tilde{\rho}_{tot}(t_0) = \tilde{\rho}_S(t_0) \otimes \tilde{\rho}_R^{stat}(t_0)$ (ce qui signifie qu'il n'y a pas d'intrication entre le bain et le système au début), de telle sorte que la trace sur le réservoir du premier terme de droite de l'équation (A.55) sera nulle $(Tr_R\{\tilde{R}(t)\tilde{\rho}_R^{stat}\} = 0)$.

A.6.1   Approximation de faible couplage

Faisons maintenant l'approximation $\tilde{\rho}_{tot}(t') \approx \tilde{\rho}_S(t') \otimes \tilde{\rho}_R^{stat}$. En faisant cela, on néglige les cohérences entre le bain et le système au deuxième ordre (par rapport à g_λ).

Donc, nous obtenons (en écrivant $t' = t - \tau$) :

$$\frac{\partial \tilde{\rho}_S(t)}{\partial t} = -\frac{1}{\hbar^2} \int_0^{t-t_0} d\tau \{ g(\tau) \left(\tilde{S}(t)\tilde{S}(t-\tau)\tilde{\rho}_S(t-\tau) - \tilde{S}(t-\tau)\tilde{\rho}_S(t-\tau)\tilde{S}(t) \right)$$
$$+ \text{h.c} \}, \tag{A.56}$$

avec :

$$g(\tau) = Tr_R \left(\rho_R^{stat} \tilde{R}(t) \tilde{R}(t-\tau) \right) = < \tilde{R}(0)\tilde{R}(-\tau) >$$
$$= \sum_\lambda |g_\lambda|^2 (n_\lambda e^{i\omega_\lambda \tau} + (n_\lambda + 1)e^{-i\omega_\lambda \tau}),$$

où n_λ est l'occupation thermique à la température T pour l'oscillateur harmonique λ :

$$n_\lambda = 1/(exp(\hbar\omega_\lambda/kT) - 1). \tag{A.57}$$

La largeur typique de la fonction de corrélation $g(\tau)$ donne le temps de cohérence du bain τ_c. On doit remarquer que $g(\tau)\tilde{S}(t)\tilde{S}(t-\tau)$ est un terme du second ordre en g_λ. De plus, $\tilde{\rho}_S(t)$ évolue seulement sous l'influence du couplage entre le bain et le système, donc la différence entre $\tilde{\rho}_S(t)$ et $\tilde{\rho}_S(t-\tau)$ sera au moins d'ordre 1 en g_λ. Alors, afin de ne garder que les termes jusqu'à l'ordre 2 en g_λ dans l'équation (A.56), nous devons faire l'hypothèse : $\tilde{\rho}_S(t-\tau) \approx \tilde{\rho}_S(t)$. Ce qui donnera :

$$\frac{\partial \tilde{\rho}_S(t)}{\partial t} = -\frac{1}{\hbar^2} \int_0^{t-t_0} d\tau \left\{ g(\tau) \left(\tilde{S}(t)\tilde{S}(t-\tau)\tilde{\rho}_S(t) - \tilde{S}(t-\tau)\tilde{\rho}_S(t)\tilde{S}(t) \right) + h.c \right\}$$

Maintenant, on quitte le référentiel d'interaction en écrivant $\tilde{S}(t) = W_S^\dagger(t)\hat{S}W_S(t)$ ($\forall t$) et $\tilde{\rho}_S(t) = W_S^\dagger(t)\hat{\rho}_S(t)W_S(t)$, si bien que l'on obtient :

$$\frac{\partial \tilde{\rho}_S(t)}{\partial t} = W_S^\dagger(t)(\frac{i}{\hbar}\hat{H}_S(t)\hat{\rho}_S(t))W_S(t) + W_S^\dagger(t)\frac{\partial \hat{\rho}_S(t)}{\partial t}W_S(t)$$

$$+ W_S^\dagger(t)(\hat{\rho}_S(t)(-\frac{i}{\hbar}\hat{H}_S(t)))W_S(t)$$

$$= W_S^\dagger(t)\Big\{ -\frac{1}{\hbar^2}\int_0^{t-t_0} d\tau g(\tau)\{\hat{S}(\overleftarrow{T}e^{-\frac{i}{\hbar}\int_{t-\tau}^t \hat{H}_S(s)ds}\hat{S}\overrightarrow{T}e^{\frac{i}{\hbar}\int_{t-\tau}^t \hat{H}_S(s)ds})\hat{\rho}_S(t)$$

$$- (\overleftarrow{T}e^{-\frac{i}{\hbar}\int_{t-\tau}^t \hat{H}_S(s)ds}\hat{S}\overrightarrow{T}e^{\frac{i}{\hbar}\int_{t-\tau}^t \hat{H}_S(s)ds})\hat{\rho}_S(t)\hat{S}\} + h.c\Big\}W_S(t). \qquad (A.58)$$

Ici intervient une hypothèse cruciale : dans la dernière intégrale, parce que tout est proportionnel à $g(\tau)$, les termes importants seront tels que $\tau \leq \tau_c$. Alors, pour peu que l'évolution de l'Hamiltonien soit adiabatique, au sens où le temps typique d'évolution des paramètres de l'Hamiltonien est bien plus long que le temps de corrélation τ_c, on peut écrire :

$$\overleftarrow{T}e^{-\frac{i}{\hbar}\int_{t-\tau}^t \hat{H}_S(s)ds}\hat{S}\overrightarrow{T}e^{\frac{i}{\hbar}\int_{t-\tau}^t \hat{H}_S(s)ds} \simeq e^{-\frac{i}{\hbar}\hat{H}_S(t)\tau}\hat{S}e^{\frac{i}{\hbar}\hat{H}_S(t)\tau}. \qquad (A.59)$$

On obtient finalement :

$$\frac{\partial \hat{\rho}_S(t)}{\partial t} = -\frac{i}{\hbar}\left[\hat{H}_S(t), \hat{\rho}_s(t)\right] + \frac{1}{\hbar^2}\Big\{U(t)\hat{\rho}_S(t)\hat{S} - \hat{S}U(t)\hat{\rho}_S(t) + h.c\Big\}, \quad (A.60)$$

$$(A.61)$$

$$\text{avec}: \qquad U(t) \simeq \int_0^{t-t_0} d\tau g(\tau)e^{-\frac{i}{\hbar}\hat{H}_S(t)\tau}\hat{S}e^{\frac{i}{\hbar}\hat{H}_S(t).\tau}$$

Et si l'on envoie le temps initial t_0 à $-\infty$, on a :

$$U(t) \simeq \int_0^\infty d\tau g(\tau)e^{-\frac{i}{\hbar}\hat{H}_S(t)\tau}\hat{S}e^{\frac{i}{\hbar}\hat{H}_S(t)\tau}, \qquad (A.62)$$

ce qui donne l'équation maîtresse utilisée dans le chapitre 5, tantôt pour le calcul des temps de cohérence ($\hat{H}_S$ indépendant du temps), tantôt pour le calcul des fidélités ($\hat{H}_S(t)$ variant adiabatiquement).

Bibliographie

[1] Leggett, A. J. *Macroscopic Quantum Systems and the Quantum Theory of Measurement.* Prog. Theor. Phys. **69**, 80–100 (1980).

[2] Caldeira, A. O. & Leggett, A. J. *Influence of Dissipation on Quantum Tunneling in Macroscopic Systems.* Phys. Rev. Lett. **46**, 211–214 (1981).

[3] Schrödinger, E. *Die gegenwärtige situation in der quantenmechanik.* Naturwissenschaften **23**, 807–812, 823–828, 844–849 (1935).

[4] Brune, M. *et al. Observing the Progressive Decoherence of the "Meter" in a Quantum Measurement.* Phys. Rev. Lett. **77**, 4887–4890 (1996).

[5] Bardeen, J., Cooper, L. N. & Schrieffer, J. R. *Theory of Superconductivity.* Phys. Rev. **108**, 1175–1204 (1957).

[6] Josephson, B. *Possible new effects in superconductive tunnelling.* Physics Letters **1**, 251 – 253 (1962).

[7] Devoret, M. H., Martinis, J. M. & Clarke, J. *Measurements of Macroscopic Quantum Tunneling out of the Zero-Voltage State of a Current-Biased Josephson Junction.* Phys. Rev. Lett. **55**, 1908–1911 (1985).

[8] Clarke, J., Cleland, A. N., Devoret, M. H., Esteve, D. & Martinis, J. M. *Quantum Mechanics of a Macroscopic Variable : The Phase Difference of a Josephson Junction.* Science **239**, 992–997 (1988).

[9] Shor, P. W. *Algorithms for quantum computation : discrete logarithms and factoring.* In *Proceedings of the 35th Annual Symposium on Foundations of Computer Science*, 124–134 (IEEE Computer Society, Washington, DC, USA, 1994).

[10] Grover, L. K. *Quantum Mechanics Helps in Searching for a Needle in a Haystack.* Phys. Rev. Lett. **79**, 325–328 (1997).

[11] Nakamura, Y., Pashkin, Y. & Tsai, J. S. *Coherent control of macroscopic quantum states in a single-Cooper-pair box.* Nature **398**, 786–788 (1999).

[12] Friedman, J. R., Patel, V., Chen, W., Tolpygo, S. K. & Lukens, J. E. *Quantum superposition of distinct macroscopic states.* Nature **406**, 43–46 (2000).

[13] Buisson, O. & Hekking, F. W. J. *Entangled states in a Josephson charge qubit coupled to a superconducting resonator.* In Averin, D., Ruggiero, B. & Silvestrini, P. (eds.) *Macroscopic Quantum Coherence and Computing*, 137 (Kluwer Academic, New York, 2001). URL http://arxiv.org/abs/cond-mat/0008275.

[14] Hekking, F., Buisson, O., Balestro, F. & Vergniory, M. *Cooper Pair Box Coupled to a Current-Biased Josephson Junction.* In *Proceedings of the XXXVIth Rencontres de Moriond* (Les Arcs, France, 2001).

[15] Blais, A., Huang, R.-S., Wallraff, A., Girvin, S. M. & Schoelkopf, R. J. *Cavity quantum electrodynamics for superconducting electrical circuits : An architecture for quantum computation.* Phys. Rev. A **69**, 062320 (2004).

[16] Raimond, J. M., Brune, M. & Haroche, S. *Manipulating quantum entanglement with atoms and photons in a cavity.* Rev. Mod. Phys. **73**, 565–582 (2001).

[17] Ciuti, C., Bastard, G. & Carusotto, I. *Quantum vacuum properties of the intersubband cavity polariton field.* Phys. Rev. B **72**, 115303 (2005).

[18] Niemczyk, T. *et al. Circuit quantum electrodynamics in the ultrastrong-coupling regime.* Nat Phys **6**, 772–776 (2010).

[19] Fedorov, A. *et al. Strong Coupling of a Quantum Oscillator to a Flux Qubit at Its Symmetry Point.* Phys. Rev. Lett. **105**, 060503 (2010).

[20] Dicke, R. H. *Coherence in Spontaneous Radiation Processes.* Phys. Rev. **93**, 99–110 (1954).

[21] Emary, C. & Brandes, T. *Quantum Chaos Triggered by Precursors of a Quantum Phase Transition : The Dicke Model.* Phys. Rev. Lett. **90**, 044101 (2003).

[22] Devoret, M. H. *Course of the 13 th of may, 2008 at College de France : Quantum signals and circuits* (2008).

[23] Devoret, M. H. & Martinis, J. M. *Implementing Qubits with Superconducting Integrated Circuits.* Quantum Information Processing **3**, 163–203 (2004).

[24] Ambegaokar, V. & Baratoff, A. *Tunneling Between Superconductors.* Phys. Rev. Lett. **10**, 486–489 (1963).

[25] Martinis, J. M. & Osborne, K. *Course 13 : Superconducting qubits and the physics of Josephson junctions.* In Daniel Estève, J.-M. R. & Dalibard, J. (eds.) *Quantum Entanglement and Information Processing*, Les Houches, session LXXIX, 487 – 520 (Elsevier, 2004).

[26] Yurke, B. & Denker, J. S. *Quantum network theory.* Phys. Rev. A **29**, 1419–1437 (1984).

[27] Devoret, M. H. *Course 10 : Quantum Fluctuations in Electrical Circuits.* In S. Reynaud, E. G. & Zinn-Justin, J. (eds.) *Quantum Fluctuations*, Les Houches, Session LXlll, 351 –386 (Elsevier, 1997).

[28] Orlando, T. P. *et al. Superconducting persistent-current qubit.* Phys. Rev. B **60**, 15398–15413 (1999).

[29] Mooij, J. E. *et al. Josephson Persistent-Current Qubit.* Science **285**, 1036–1039 (1999).

[30] Büttiker, M. *Zero-current persistent potential drop across small-capacitance Josephson junctions.* Phys. Rev. B **36**, 3548–3555 (1987).

[31] Bouchiat, V., Vion, D., Joyez, P., Esteve, D. & Devoret, M. H. *Quantum coherence with a single Cooper pair.* Physica Scripta **1998**, 165 (1998).

[32] Koch, J. *et al. Charge-insensitive qubit design derived from the Cooper pair box.* Phys. Rev. A **76**, 042319 (2007).

[33] Manucharyan, V. E., Koch, J., Glazman, L. I. & Devoret, M. H. *Fluxonium : Single Cooper-Pair Circuit Free of Charge Offsets.* Science **326**, 113–116 (2009).

[34] Martinis, J. M., Nam, S., Aumentado, J. & Urbina, C. *Rabi Oscillations in a Large Josephson-Junction Qubit.* Phys. Rev. Lett. **89**, 117901 (2002).

[35] Gazeau, J. P. *Coherent States in Quantum Physics* (Wiley-VCH, Germany, 2009), 1st edn.

[36] Han, S., Rouse, R. & Lukens, J. E. *Observation of Cascaded Two-Photon-Induced Transitions between Fluxoid States of a SQUID.* Phys. Rev. Lett. **84**, 1300–1303 (2000).

[37] Koch, R. H., DiVincenzo, D. P. & Clarke, J. *Model for 1/f Flux Noise in SQUIDs and Qubits.* Phys. Rev. Lett. **98**, 267003 (2007).

[38] Yoshihara, F., Harrabi, K., Niskanen, A. O., Nakamura, Y. & Tsai, J. S. *Decoherence of Flux Qubits due to 1/f Flux Noise.* Phys. Rev. Lett. **97**, 167001 (2006).

[39] Chiorescu, I., Nakamura, Y., Harmans, C. J. P. M. & Mooij, J. E. *Coherent Quantum Dynamics of a Superconducting Flux Qubit.* Science **299**, 1869–1871 (2003).

[40] Manucharyan, V. E., Koch, J., Brink, M., Glazman, L. I. & Devoret, M. H. *Coherent oscillations between classically separable quantum states of a superconducting loop.* Arxiv preprint arXiv 0910.3039 (2009).

[41] Haroche, S. & Raimond, J. M. *Exploring the Quantum : Atoms, Cavities, and Photons* (Oxford University Press, USA, 2006), 1st edn.

[42] Thompson, R. J., Rempe, G. & Kimble, H. J. *Observation of normal-mode splitting for an atom in an optical cavity.* Phys. Rev. Lett. **68**, 1132–1135 (1992).

[43] Brune, M. *et al. Quantum Rabi Oscillation : A Direct Test of Field Quantization in a Cavity.* Phys. Rev. Lett. **76**, 1800–1803 (1996).

[44] Imamoğlu, A. *Cavity QED Based on Collective Magnetic Dipole Coupling : Spin Ensembles as Hybrid Two-Level Systems.* Phys. Rev. Lett. **102**, 083602 (2009).

[45] Schoelkopf, R. J. & Girvin, S. M. *Wiring up quantum systems.* Nature **451**, 664–669 (2008).

[46] Devoret, M. H., Girvin, S. & Schoelkopf, R. *Circuit-QED : How strong can the coupling between a Josephson junction atom and a transmission line resonator be ?* Annalen der Physik **16**, 767–779 (2007).

[47] Houck, A., Koch, J., Devoret, M., Girvin, S. & Schoelkopf, R. *Life after charge noise : recent results with transmon qubits.* Quantum Information Processing **8**, 105–115 (2009).

[48] Ciuti, C. & Carusotto, I. *Input-output theory of cavities in the ultrastrong coupling regime : The case of time-independent cavity parameters.* Phys. Rev. A **74**, 033811 (2006).

[49] Casanova, J., Romero, G., Lizuain, I., Garcia-Ripoll, J. J. & Solano, E. *Deep Strong Coupling Regime of the Jaynes-Cummings Model.* Phys. Rev. Lett. **105**, 263603 (2010).

[50] Fink, J. M. *et al.* *Dressed Collective Qubit States and the Tavis-Cummings Model in Circuit QED.* Phys. Rev. Lett. **103**, 083601 (2009).

[51] Nataf, P. & Ciuti, C. *No-go theorem for superradiant quantum phase transitions in cavity QED and counter-example in circuit QED.* Nature Commun. **1**, 72 (2010).

[52] Tavis, M. & Cummings, F. W. *Exact Solution for an N-Molecule—Radiation-Field Hamiltonian.* Phys. Rev. **170**, 379–384 (1968).

[53] Hopfield, J. J. *Theory of the Contribution of Excitons to the Complex Dielectric Constant of Crystals.* Phys. Rev. **112**, 1555–1567 (1958).

[54] Sachdev, S. *Quantum Phase Transitions*, vol. 1 of *Course of Theoretical Physics* (Cambridge University Press, Cambridge, 2001), 1st edn.

[55] Le Hur, K. *Quantum Phase Transitions in Spin-Boson Systems : Dissipation and Light Phenomena.* In Carr, L. D. (ed.) *Understanding Quantum Phase Transitions* (Taylor and Francis, Boca Raton, Florida, 2010).

[56] Holstein, T. & Primakoff, H. *Field Dependence of the Intrinsic Domain Magnetization of a Ferromagnet.* Phys. Rev. **58**, 1098–1113 (1940).

[57] Emary, C. & Brandes, T. *Chaos and the quantum phase transition in the Dicke model.* Phys. Rev. E **67**, 066203 (2003).

[58] Emary, C. & Brandes, T. *Phase transitions in generalized spin-boson (Dicke) models.* Phys. Rev. A **69**, 053804 (2004).

[59] Hepp, K. & Lieb, E. H. *Equilibrium Statistical Mechanics of Matter Interacting with the Quantized Radiation Field.* Phys. Rev. A **8**, 2517–2525 (1973).

[60] Rzążewski, K., Wódkiewicz, K. & Żakowicz, W. *Phase Transitions, Two-Level Atoms, and the A^2 Term.* Phys. Rev. Lett. **35**, 432–434 (1975).

[61] Bialynicki-Birula, I. & Rzążewski, K. *No-go theorem concerning the superradiant phase transition in atomic systems.* Phys. Rev. A **19**, 301–303 (1979).

[62] Rzążewski, K. & Wódkiewicz, K. *Comment on "Instability and Entanglement of the Ground State of the Dicke Model".* Phys. Rev. Lett. **96**, 089301 (2006).

[63] Knight, J. M., Aharonov, Y. & Hsieh, G. T. C. *Are super-radiant phase transitions possible ?* Phys. Rev. A **17**, 1454–1462 (1978).

[64] Keeling, J. *Coulomb interactions, gauge invariance, and phase transitions of the Dicke model.* Journal of Physics : Condensed Matter **19**, 295213 (2007).

[65] Dimer, F., Estienne, B., Parkins, A. S. & Carmichael, H. J. *Proposed realization of the Dicke-model quantum phase transition in an optical cavity QED system.* Phys. Rev. A **75**, 013804 (2007).

[66] Nagy, D., Kónya, G., Szirmai, G. & Domokos, P. *Dicke-Model Phase Transition in the Quantum Motion of a Bose-Einstein Condensate in an Optical Cavity.* Phys. Rev. Lett. **104**, 130401 (2010).

[67] Kónya, G., Szirmai, G. & Domokos, P. *Multimode mean-field model for the quantum phase transition of a Bose-Einstein condensate in an optical resonator.* The European Physical Journal D - Atomic, Molecular, Optical and Plasma Physics 1–10 (2011).

[68] Baumann, K., Guerlin, C., Brennecke, F. & Esslinger, T. *Dicke quantum phase transition with a superfluid gas in an optical cavity.* Nature **464**, 1301–1306 (2010).

[69] Baumann, K., Mottl, R., Brennecke, F. & Esslinger, T. *Exploring Symmetry Breaking at the Dicke Quantum Phase Transition.* Phys. Rev. Lett. **107**, 140402 (2011).

[70] Hadjimichael, E., Currie, W. & Fallieros, S. *The Thomas-Reiche-Kuhn sum rule and the rigid rotator.* American Journal of Physics **65**, 335–341 (1997).

[71] Viehmann, O., von Delft, J. & Marquardt, F. *Superradiant Phase Transitions and the Standard Description of Circuit QED.* Phys. Rev. Lett. **107**, 113602 (2011).

[72] Ciuti, C. & Nataf, P. *Comment on "Superradiant Phase Transitions and the Standard Description of Circuit QED"* (2011). To be submitted to Phys. Rev. Lett.

[73] Nataf, P. & Ciuti, C. *Vacuum Degeneracy of a Circuit QED System in the Ultrastrong Coupling Regime.* Phys. Rev. Lett. **104**, 023601 (2010).

[74] Goto, H. & Ichimura, K. *Quantum phase transition in the generalized Dicke model : Inhomogeneous coupling and universality.* Phys. Rev. A **77**, 053811 (2008).

[75] Braun, D., Hoffman, J. & Tiesinga, E. *Superradiance of cold atoms coupled to a superconducting circuit.* Phys. Rev. A **83**, 062305 (2011).

[76] Tolkunov, D. & Solenov, D. *Quantum phase transition in the multimode Dicke model.* Phys. Rev. B **75**, 024402 (2007).

[77] Lipkin, H., Meshkov, N. & Glick, A. *Validity of many-body approximation methods for a solvable model : (I). Exact solutions and perturbation theory.* Nuclear Physics **62**, 188 – 198 (1965).

[78] Meshkov, N., Glick, A. & Lipkin, H. *Validity of many-body approximation methods for a solvable model : (II). Linearization procedures.* Nuclear Physics **62**, 199 – 210 (1965).

[79] Glick, A., Lipkin, H. & Meshkov, N. *Validity of many-body approximation methods for a solvable model : (III). Diagram summations.* Nuclear Physics **62**, 211 – 224 (1965).

[80] Botet, R., Jullien, R. & Pfeuty, P. *Size Scaling for Infinitely Coordinated Systems*. Phys. Rev. Lett. **49**, 478–481 (1982).

[81] Ribeiro, P., Vidal, J. & Mosseri, R. *Thermodynamical Limit of the Lipkin-Meshkov-Glick Model*. Phys. Rev. Lett. **99**, 050402 (2007).

[82] Ribeiro, P., Vidal, J. & Mosseri, R. *Exact spectrum of the Lipkin-Meshkov-Glick model in the thermodynamic limit and finite-size corrections*. Phys. Rev. E **78**, 021106 (2008).

[83] Koch, J., Houck, A. A., Hur, K. L. & Girvin, S. M. *Time-reversal-symmetry breaking in circuit-QED-based photon lattices*. Phys. Rev. A **82**, 043811 (2010).

[84] Wilczek, F. & Zee, A. *Appearance of Gauge Structure in Simple Dynamical Systems*. Phys. Rev. Lett. **52**, 2111–2114 (1984).

[85] Berry, M. V. *Quantal Phase Factors Accompanying Adiabatic Changes*. Proceedings of the Royal Society of London. A. Mathematical and Physical Sciences **392**, 45–57 (1984).

[86] Lambert, N., Emary, C. & Brandes, T. *Entanglement and entropy in a spin-boson quantum phase transition*. Phys. Rev. A **71**, 053804 (2005).

[87] Nataf, P. & Ciuti, C. *Protected Quantum Computation with Multiple Resonators in Ultrastrong Coupling Circuit QED*. Phys. Rev. Lett. **107**, 190402 (2011).

[88] Douçot, B., Feigel'man, M. V., Ioffe, L. B. & Ioselevich, A. S. *Protected qubits and Chern-Simons theories in Josephson junction arrays*. Phys. Rev. B **71**, 024505 (2005).

[89] Van Harlingen, D. J. *et al.* *Decoherence in Josephson-junction qubits due to critical-current fluctuations*. Phys. Rev. B **70**, 064517 (2004).

[90] Ithier, G. *et al.* *Decoherence in a superconducting quantum bit circuit*. Phys. Rev. B **72**, 134519 (2005).

[91] Manucharyan, V. E., Kamal, A., Koch, J., Glazman, L. I. & Devoret, M. H. *Evidence for coherent quantum phase-slips across a Josephson junction array* (2010). URL http://www.citebase.org/abstract?id=oai:arXiv.org:1012.1928.

[92] Breuer, H.-P. & Petruccione, F. *The Theory of Open Quantum Systems* (Oxford University Press, USA, 2006).

[93] De Liberato, S., Gerace, D., Carusotto, I. & Ciuti, C. *Extracavity quantum vacuum radiation from a single qubit*. Phys. Rev. A **80**, 053810 (2009).

[94] Beaudoin, F., Gambetta, J. M. & Blais, A. *Dissipation and ultrastrong coupling in circuit QED*. Phys. Rev. A **84**, 043832 (2011).

[95] Wang, H. *et al*. *Decoherence Dynamics of Complex Photon States in a Superconducting Circuit*. Phys. Rev. Lett. **103**, 200404 (2009).

[96] Hofheinz, M. *et al*. *Generation of Fock states in a superconducting quantum circuit*. Nature **454**, 310–314 (2008).

[97] Barenco, A. *et al*. *Elementary gates for quantum computation*. Phys. Rev. A **52**, 3457–3467 (1995).

[98] Peropadre, B., Forn-Diaz, P., Solano, E. & Garcia-Ripoll, J. J. *Switchable ultrastrong coupling in circuit QED*. Phys. Rev. Lett. **105**, 023601 (2010).

[99] Castellano, M. G. *et al*. *Variable transformer for controllable flux coupling* **86**, 152504 (2005).

[100] Bialczak, R. C. *et al*. *Fast Tunable Coupler for Superconducting Qubits*. Phys. Rev. Lett. **106**, 060501 (2011).

[101] van der Ploeg, S. H. W. *et al*. *Controllable Coupling of Superconducting Flux Qubits*. Phys. Rev. Lett. **98**, 057004 (2007).

[102] Grajcar, M. *et al*. *Direct Josephson coupling between superconducting flux qubits*. Phys. Rev. B **72**, 020503 (2005).

[103] Reuther, G. M. *et al*. *Two-resonator circuit quantum electrodynamics : Dissipative theory*. Phys. Rev. B **81**, 144510 (2010).

[104] Mariantoni, M. *et al*. *Two-resonator circuit quantum electrodynamics : A superconducting quantum switch*. Phys. Rev. B **78**, 104508 (2008).

[105] Milman, P. *et al*. *Topologically Decoherence-Protected Qubits with Trapped Ions*. Phys. Rev. Lett. **99**, 020503 (2007).

[106] Coudreau, T., Douçot, B., Dubessy, R., Andreoli, D. & Milman, P. *Robust Preparation and Manipulation of Protected Qubits Using Time-Varying Hamiltonians.* Phys. Rev. Lett. **107**, 030502 (2011).

www.ingramcontent.com/pod-product-compliance
Lightning Source LLC
Chambersburg PA
CBHW021049210326
41598CB00016B/1145